从小爱科学　小生活大世界

Tansuo Shenghuo Da Aomi
探索生活大奥秘

纸上魔方 / 编著

"性格迥异" 的气候

山东人民出版社

全国百佳图书出版单位 国家一级出版社

图书在版编目（CIP）数据

"性格迥异"的气候 / 纸上魔方编著 . — 济南：山东人民出版社，2014.5（2024.1重印）

（探索生活大奥秘）

ISBN 978-7-209-06602-0

Ⅰ . ①性… Ⅱ . ①纸… Ⅲ . ①气候 – 少儿读物 Ⅳ . ① P46-49

中国版本图书馆 CIP 数据核字 (2014) 第 028590 号

责任编辑：王　路　王媛媛

"性格迥异"的气候

纸上魔方　编著

山东出版传媒股份有限公司

山东人民出版社出版发行

社　址：济南市经九路胜利大街 39 号　邮　编：250001

网　址：http:// www.sd-book.com.cn

发行部：(0531) 82098027　82098028

新华书店经销

三河市华东印刷有限公司

规　格　16 开（170mm×240mm）

印　张　8.25

字　数　150 千字

版　次　2014 年 5 月第 1 版

印　次　2024 年 1 月第 2 次

ISBN 978-7-209-06602-0

定　价　39.80 元

如有质量问题，请与印刷厂调换。(0316) 8982888

前言

小藻球是怎样净化污水的呢？含羞草可以预报地震吗？卷柏为什么又叫九死还魂草呢？你见过能预测气温的草吗？什么是臭氧层？为什么水开后会冒蒸汽？混凝土车为什么会边走边转呢？仿真汽车是汽车吗？青春期的女孩很容易长胖吗？我为什么长大了？多吃甜食有好处吗？为什么不能空腹吃柿子？没有炒熟的四季豆为什么不能吃？发芽的土豆为什么不能吃？……生活中有太多令小朋友们好奇而又解释不了的问题。别急，本套丛书内容涵盖了人体、生活、生物、宇宙、气候等各个知识领域，用最浅显通俗的语言、最幽默风趣的插图，让小朋友们在轻松愉悦的氛围中提高阅读兴趣，不断扩充知识面，激发小朋友们的想象力。相信本套丛书一定会让小朋友及家长爱不释手。

让我们现在就出发，一起到科学的王国探秘吧！

用心发现，原来世界奥秘无穷！

目录

性格各异的"三兄弟"

在自然界的大家庭里，有三个"气"字辈的兄弟，分别叫气候、气象和天气。你别看它们的名字里都有一个"气"字，可是它们的脾气却很不一样。

气候是大哥，它的心胸非常宽广，可以容纳一个地区多年的冷、暖、干、湿情况。比如，非洲常年的干旱和炎热，昆明的四季如春，东北的冬冷夏热等等，都属于各地区的气候特点。也

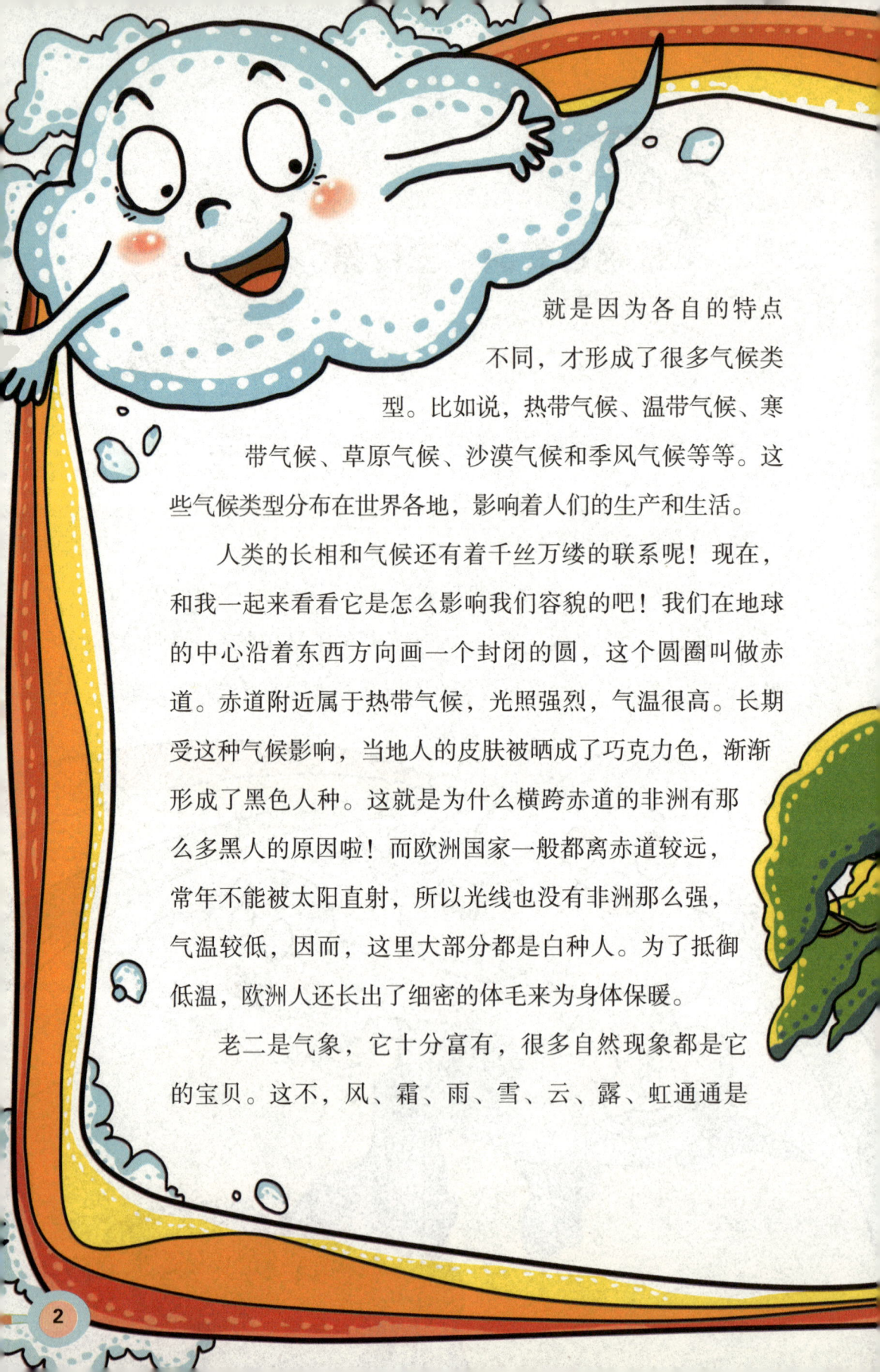

就是因为各自的特点不同，才形成了很多气候类型。比如说，热带气候、温带气候、寒带气候、草原气候、沙漠气候和季风气候等等。这些气候类型分布在世界各地，影响着人们的生产和生活。

人类的长相和气候还有着千丝万缕的联系呢！现在，和我一起来看看它是怎么影响我们容貌的吧！我们在地球的中心沿着东西方向画一个封闭的圆，这个圆圈叫做赤道。赤道附近属于热带气候，光照强烈，气温很高。长期受这种气候影响，当地人的皮肤被晒成了巧克力色，渐渐形成了黑色人种。这就是为什么横跨赤道的非洲有那么多黑人的原因啦！而欧洲国家一般都离赤道较远，常年不能被太阳直射，所以光线也没有非洲那么强，气温较低，因而，这里大部分都是白种人。为了抵御低温，欧洲人还长出了细密的体毛来为身体保暖。

老二是气象，它十分富有，很多自然现象都是它的宝贝。这不，风、霜、雨、雪、云、露、虹通通是它的财产，而且拿出其中任何一个，我们都可以说这是一种气象。每年的3月23日还被定为"世界气象日"，在这一天里，世界各国都会就一个与气象有关的问题进行深入的探讨。除了世界气象日，还有很多与气象有关的节日。例如，加拿大和日本的雪节，泰国的雨节，我国黑龙江漠河的"夏至节"等等，在这些日子里，人们为了纪念特别的气象而庆祝，真是别有一番滋味啊！

天气最小，但它可是个善变的小家伙，用

不了几天，甚至是几分钟就会变化一次。生气的时候狂风大作，电闪雷鸣；高兴的时候微风阵阵、细雨绵绵，真让人摸不着头脑。不过，这个小家伙却深受电视台叔叔阿姨们的喜爱，每天各个频道总是在黄金时段，争先恐后地播出天气预报，让全世界人们都了解它的变化。

那到底是什么让天气不断变化的呢？这就要归功于气团了。所谓的气团就是指天空中温度和湿度比较相近的空气都聚集在了一起，好像一个大大的菜团子。我们把气团分为冷气团、暖气团、干气团和湿气团，这些团子飘到哪儿就会影响哪儿的天气。比如说，冬天寒冷而干燥，那一定是冷气团和干气团漂浮在我们周围了；春天温暖而多雨，那就是可爱的暖气团和湿气团来和我们做伴了。

地球厚厚的外衣
——大气层

当我们抬起头看到湛蓝的天空时，是不是会产生疑问：天空怎么是蓝色的呢？这就要归功于大气层了。大气层是环绕在地球

表面的厚厚的没有颜色的气体，它像一件柔软蓬松的外衣包裹着地球，保护着地球。

那它又是怎样变成蓝色的呢？这还要从太阳说起。太阳光原本有赤、橙、黄、绿、青、蓝、紫七种颜色，不过它要经过大气层的层层筛选和吸收才能来到地面和我们亲密接触。太阳光里那种红色或者和红色相近的光线非常锐利，它们能够直接穿透厚重的大气层照射到地球上，这也就是为什么平时我们看到的阳光都近似红色的原因。而蓝色、紫色和青色的光就没那么容易穿过大气了，它们一碰到大气层，就会被大气层给"反弹"回来，这种"反弹"其实是大气对太阳光的一种散射作用。因此，这种蓝色和类似于蓝色的光就被"截留"在大气层上了，所以天空就呈现出一片蔚蓝了。

那么，地球上为什么会有大气层呢？其实，在地球刚诞生的时候，它周围是没有大气的，那时候地球上的环境非常恶劣。白天，太阳光照射过来太热；晚上，太阳落山后又太冷，所以那时的地球上也根本没有生命。后来，地球上的火山不断喷发，生成大量气体，构成了最原始的大气。经过了46亿年的漫长演变，大气里逐渐有了生命生存所需要的氧气和氮气，还在紫外线的帮助下，形成了臭氧层，最终变成了今天的大气层。

正是有了大气层这件厚厚的外衣，地球才不会骤热骤冷，渐渐变得温和起来；它还保存起地球

上的水分，变幻成各种样子降临人间，滋润大地；它的臭氧层还隔离着太阳的紫外线，让生物免受侵害，尽情享受温暖的阳光。总之，大气是地球的保护者，是生命的摇篮。

大气层不单单是各种气体的堆积，它按照距离地面的高度，从低到高分成了五层，分别是：对流层、平流层、中间层、电离层和散逸层。其中对流层到地面的距离不足20千米，是一个精彩的大舞台，每天都在不同时间、不同地点上演着风、雨、雷、电、雪、冰雹等天气现象的"交响曲"。平流层大约在地面以上20~50千米，这一层环境很稳定，没有过多的天气变化，因此飞机就在这一层平稳而持续地飞行。再向上是中间层，大约距地表50~80千米。这一层空气已经很稀薄了，而且温度也降到了-100℃以下。中间层以上到1000千米的高空是电离层，它因为能够强烈地反射无线电波而得名，绚丽的极光就

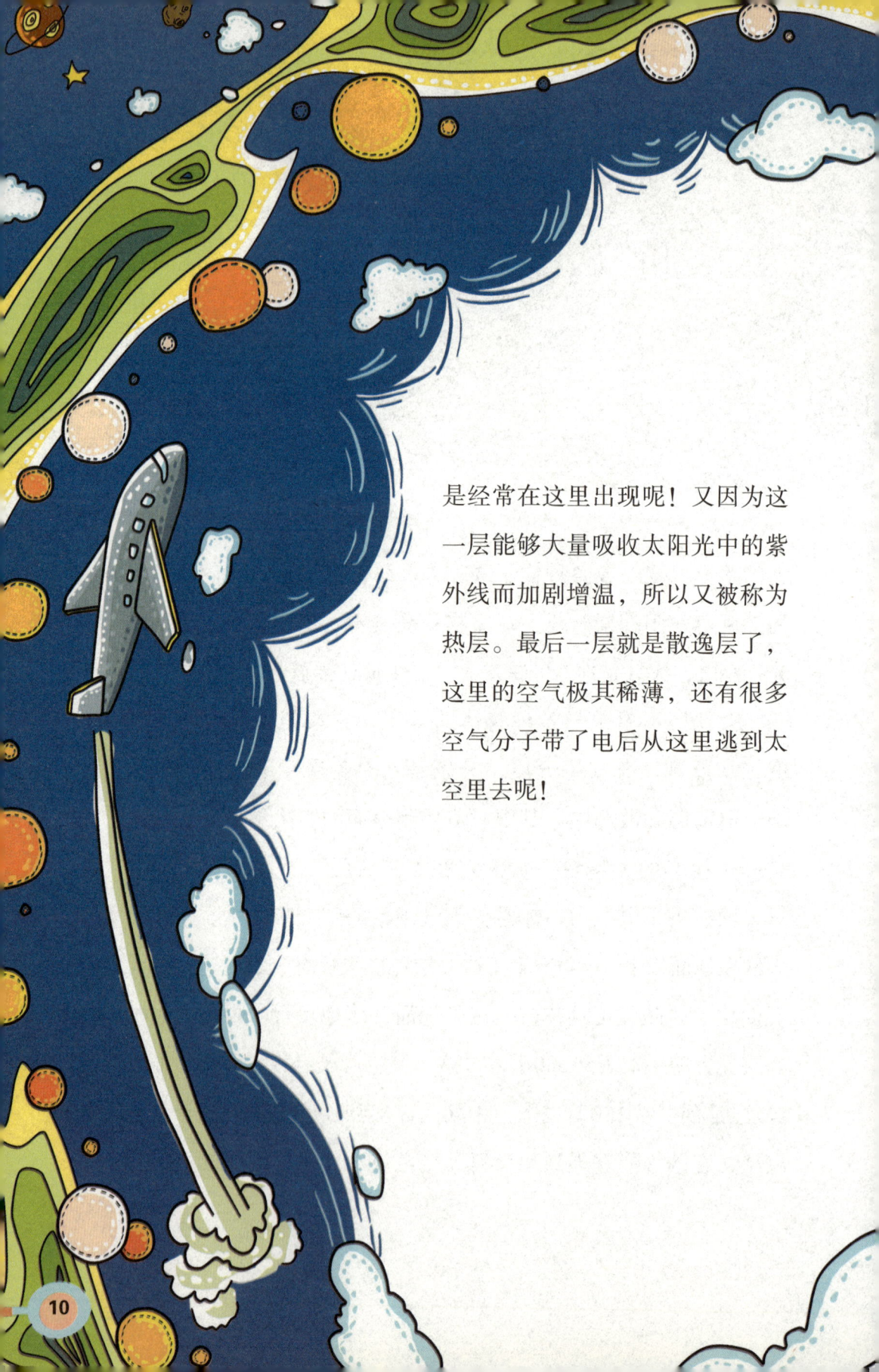

是经常在这里出现呢！又因为这一层能够大量吸收太阳光中的紫外线而加剧增温，所以又被称为热层。最后一层就是散逸层了，这里的空气极其稀薄，还有很多空气分子带了电后从这里逃到太空里去呢！

多姿多彩的四季

在我国，春夏秋冬变化非常明显，四季的景色也各有千秋。大家肯定都想过，要是天天都生活在我们喜欢的季节里那该有多幸福啊！其实啊，每个季节都有它的独特之处，只有四季分明才能让我们的世界更加丰富多彩，让我们的生活更加有滋有味。现在咱们一起来欣赏多彩的四季吧！

春天是嫩绿的。经过了一个冬天的沉睡，大地终于苏醒了，散发出泥土的芬芳。温暖的春风轻柔地拂过，树木、花草也伸伸懒腰，探出绿茸茸的脑袋，迎接盎然的春天。不过，虽然天气开始回暖，但早春时节，仍旧是春寒料峭，大家还是

要注意保暖啊，不是有"可度三九，难耐春寒"之说嘛！人们在早春时，抵抗力比较弱，容易患上流感，所以小朋友要想不得病，千万不要过早地脱掉棉衣哦！

夏天是火红的。火辣辣的骄阳照射出耀眼的光芒，各种花儿都穿上了鲜艳的裙子，在风中翩翩起舞，散发出沁人心脾的香气。豆大的雨点还时常光顾人间，给火红的夏天带来一丝清

凉。有时，炎热的夏季会让人感到很难受，偶尔会出现头晕、乏力、恶心、厌食等"中暑"现象，如果出现这种情况，大家就要注意降暑了，可以多喝些绿豆水，保持室内空气的流通，出行时还要带好遮阳工具。

秋天是金黄的。秋天是个丰收的季节，你看，果园里黄澄澄的果实挂满了枝头，金色的稻穗笑弯了腰。阵阵凉爽的秋风吹过，花草树木全都变成了金黄色，仿佛让人置身于金子般的世界。人们经历了酷夏之后，在这个凉爽的、五谷丰登的时节里，食欲大增，可要多吃些好东西长长"秋膘"了，以此来弥补夏天流失的营养。实际上，这是一种在秋天进补的养生之道，对我们的身体有很大的好处呢！

冬天是雪白的。雪花纷纷扬扬地飘落到人间，把世界装点成了童话般的白色王国。孩子们在雪地里堆雪人、打雪仗，银铃般的笑声一直飘到很远很远……

在感受着这种快乐的同时，冬天也给我们带来了一些麻烦。比如说异常寒冷的天气容易让人患上流感，"逆温"现象还会加重大气的污染，使人们加重呼吸系统疾病等等。所以，冬天里，大家一定要做好御寒工作，同时加强锻炼，身体棒棒才不得病！

　　说了这么多和季节有关的话题，你想不想知道，为什么会

出现四季交替的现象呢？别着急，让我给你解释解释吧！我们都知道地球是一个不透明的大球体，它就像一个陀螺似的，自身在不停地自西向东旋转，这就是地球的"自转"。在自转的时候，地球面向太阳的一面，因为能接收到太阳光，所以就出现了白天，而背向太阳的一面就是黑夜了。地球自转一周，就是我们日常生活的一天。自转的同时，地球还要围绕着太阳不间断地转动。我们都见过地球仪，地球仪并不是垂直于水平桌面放置的，而是和桌面形成了一定的倾斜角度。事实上，地球也的确是以这种倾斜的角度围绕太阳转动的呢，地球的这种运转方式叫"公转"。正是这种有倾斜角度的转动，让太阳距离地球的高度有了规律性的变化，地球接受阳光的位置和时长也跟着变化，于是出现了四季更替。如果你还想了解得更多，就要好好向自然课的老师请教请教了，相信他一定会为你这么好学的孩子详细讲解的。

什么是"逆温"现象？

这种现象主要出现在地面到天空1480米的空间内。在这段距离里，气温会随着高度的增加而升高，让大气呈现出"下冷上热、头大身小"的状态。一年四季都会出现这种现象，但冬天会更多。这样的现象使地面上的冷空气不断下沉，滞留囤积在地表周围，其中夹杂的各种污染物也难以扩散出去，造成了严重的空气污染。而人们在户外活动的时候，通过呼吸，将这些污染物带入呼吸道和肺里，容易让人患上气管炎和心血管疾病，严重威胁着人们的健康。

夏天为什么会中暑？

中暑，是指在炎热的气候里，人们由于无法忍受高温而导致体温调节功能紊乱的一种现象。人的正常体温大致在37℃左右，夏天里酷暑难耐，当外界的温度超过人体的温度，而人体又无法通过排汗和血液循环散热时，人们就很容易中暑了。如果你身边有人出现了中暑的症状，首先要立刻给他喝大量的水，用冷水为他擦拭身体；然后掐他的人中把他唤醒，如果中暑情况严重的要赶紧送往医院。

永不相见的姐妹——朝霞与晚霞

在美丽的大自然里，还有两个非常漂亮的姐妹——朝霞和晚霞。可是，她们却从来没见过彼此，这是为什么呢？顾名思义，朝霞是在早晨陪伴着太阳升起，而晚霞却只能在傍晚陪着太阳回家，一个日出而来，一个日落而归，自然永远不能相见了。

对于她们的长相，大家一定都不会陌生。每当朝阳升起或夕阳西下的时候，天边总会出现红彤彤

的彩霞，把半个天空都染红了，看上去非常漂亮。现在，我要问问大家了，你们知道为什么会出现朝霞和晚霞吗？

其实啊，它们的出现和天空呈现蔚蓝色的原因是一样的，都是前面我们说过的大气散射的原理。只不过，当清晨和傍晚时分，大气层要比其他时候厚上35倍，这时只有红、橙、黄等光线最有能耐，可以穿透厚厚的大气层，而其他颜色的光都在"闯关"过程中败下阵来，最终偃旗息鼓，消失在厚厚的云层中了。此时，胜利的红、橙、黄等光线到达地平线时，

再经过空气中的水汽、尘埃等物质的散射后，就给天空染上了绚烂明艳的色彩，形成了我们所说的朝霞和晚霞。

　　这两姐妹还有预示天气的作用呢！这不，在民间就流传着一句谚语叫"朝霞不出门，晚霞行千里"。这是因为早晨的空气里很少会有尘埃，如果出现朝霞，基本上都是空气中的水汽对太阳光起到了散射作用。水汽多，云层也会渐渐密集，不久就会掉雨点啦！而傍晚，由于一天的阳光加热，低空大气中水分含量会很少，如果出现鲜艳的晚霞，说明天气中的尘埃多，未来天气多半不会转坏，所以就可以放心地出行了。

七彩项圈——彩虹

在很小的时候，老师就教我们画过美丽的彩虹。它弯弯的，赤、橙、黄、绿、青、蓝、紫，像一座色彩斑斓的彩桥，又像一个美丽耀眼的项圈……于是，在每一个夏日的雨后，我们都急切地期待着彩虹的出现。

大自然的美景，不仅架起了我们彩色梦幻的童年，也激发

了我们不断去探索大自然科学奥秘的激情，为什么雨后的天空会有彩虹出现？为什么彩虹的颜色那么斑斓？让我们一起走进七彩梦幻世界吧！

彩虹是如何形成的呢？原来呀，彩虹是空气中的水滴和阳光共同的杰作。只有在空气中水滴比较多的时候，彩虹才会出现。所以，我们每次看到彩虹都是在雨后，而且它永远都是出现在太阳的对面。我们眼里看到的阳光是白颜色的，但事实上，阳光也是由七种颜色组成的，只是这些颜色混合在一起，就变成白色的了。但是，如果我们用三棱镜看阳光的时候，就会看到阳光是由赤、橙、黄、绿、青、蓝、紫七种颜色组成的，这是因为阳光通过棱镜时，各种颜色的光改变了方向，所以七种颜色的光

被分开了。空气中的水滴和棱镜一样，也能把七种颜色的光分开，所以，当雨后天空中有很多小雨滴时，阳光经过小水滴，光线被分解开，就能看见彩虹了。

彩虹通常都是出现在夏季，冬季很少见。这是因为夏天空气湿润，雨珠比较大、比较多。而冬天的时候，气温很低，天气也很干燥，下雨的机会少，所以很难形成彩虹。

彩虹的颜色为什么那么斑斓？有一个关于彩虹颜色的美丽传说，让我们一起去听一听吧。传说彩虹在小的时候，其实是个透明的、没有颜色的顽皮孩子。有一天，她出去玩，来到了

一个卖果汁的地方，五颜六色的果汁，好看极了，许多孩子都在那儿喝。小彩虹看了以后，直流口水，于是，她一口气喝了好几杯，分别是赤、橙、黄、绿、青、蓝、紫七种颜色的，这些彩色的果汁流遍了小彩虹的全身，于是她就变成彩色的了。当然了，这只是一个美丽的传说，彩虹颜色的奥秘，其实是隐藏在三棱镜片后面的。另外，彩虹的色彩鲜艳程度和宽度还与空气中的

水珠大小有关。水珠越大，彩虹就越鲜艳清晰，越窄；水珠越小，彩虹就越淡，越宽。如果空气中的水珠太小了，就可能不会出现彩虹。

彩虹，不仅仅是大自然最美丽的景色，还是用来判断时间和预测天气的好帮手呢。有这样一句谚语叫："东虹日头，西虹雨。"这就是古代人根据彩虹的位置来预测天气的记载。我们来仔细分析一下其中的科学道理吧。通过前面的讲述我们知道，彩虹是太阳光照射到空气中的水珠后，各种颜色的光从水珠里改变了方向后而形成的现象，它总是出现在太阳的对面，因此，我们只有背

对着太阳才能看到彩虹。清晨，太阳从东边升起，如果有彩虹，就会出现在天空的西边。傍晚，太阳会在西边落下，如果有彩虹，就会出现在天空的东边。所以，我们可以根据彩虹的位置来判断时间，如果彩虹出现在西边就是早晨，如果出现在东边就是傍晚。而当你在西边看见彩虹时，就说明西边的天空中有很多小水珠或者正下着小雨，这样光被水珠反射才能形成彩虹。相反，在傍晚的时候，太阳要落山了，东边的天空出现彩虹，就说明东边的空气中有很多水珠。而大气一般是有规律地自西向东运动的，所以东边的雨天会离我们越来越远的，这也就是东虹会带来好天气的原因。

哇！人间仙境

黄山的雾海，是我国自然景观中的一大奇观。去过那里的人，无不被那在奇峰怪石中云来雾去、变化莫测，时而风平浪静、时而波涛汹涌的雾海仙境所震撼的。其实不仅仅是黄山，很多有山的地方，都会出现云山雾海的景观，即使是在我们生活的城市里，

有时候也会出现雾气弥漫的天气，只不过没有黄山的雾海那样壮观、那样美丽。

雾是从哪里来的？为什么有时候一夜之间，我们的城市就会变得那样朦胧而充满神秘感？水蒸气，是这一切景观的缔造者。

雾和云是一对孪生兄弟，它们都是由水蒸气凝结形成的，只不过云是在天空中，而雾是在地面上。山峰周围的云，在山底下看上去是云，可是爬到山上看就和雾一样了，因为兄弟俩的长相一模一样。

雾除了有云做好兄弟外，在它自己的家族里，兄弟姐妹也不少呢。有辐射雾、平流雾、上坡雾、锋面雾、蒸发雾。让我们分别来认识一下它们吧。

因冷却形成的雾有辐射雾、平流雾、上坡雾。辐射雾是在没有风并且白天和晚上的温差很大的晴天，才可能出现的。这

时候，天空中没有云，地面的热量很快就会散发掉，因此，地面的温度比空气中的温度低，空气中的水蒸气在地面的位置就会遇到冷空气而凝结成雾。平流雾是暖空气移动到温度低的水面或者地面时出现的，在海边附近形成的雾很多都是平流雾。上坡雾是空气中的水蒸气沿着山坡向上爬呀爬，遇到冷空气而形成的。

因蒸发而形成的雾有锋面雾和蒸发雾。在了解锋面雾之前，我们先来看看什么是锋面，锋面就是温度、湿度等不同的两种气团的交界面。当冷气团强大时，叫冷锋，当暖气团强大时，叫暖锋。锋面雾经常在暖锋附近出现。蒸发雾是冷空气经过水面时，水蒸发形成的雾。冷空气能让水蒸气的温度下降而凝结成雾。蒸发雾经常在春季和冬季的海面和湖泊上空出现。

雾家族里还有个坏蛋叫"烟雾"。我们生活的空气，有时候会因为汽车排放的尾气、工厂里排出的各种有害气体，或者像火山灰、黄

沙等自然灾害而被污染。这些污染物融到雾中的小水滴里，就变成了对人体有害的烟雾了。那么，什么样的空气，对人体才是有害的呢？

2012年2月，我们国家《环境空气质量标准》中增加了PM2.5监测指标。PM是颗粒物的英文缩写，科学家用PM2.5表示每立方米空气中这种颗粒的含量，这个值越高，就表明空气污染越严重。

雾最喜欢的季节是秋天和冬天，它经常在这两个季节出现。因为雾形成的两个条件是冷却和加湿。在秋冬季节里，白天气温高，空气中可以容纳很多很多的水汽，到了夜晚，气温突然下降，空气中的水汽就会凝结起来，变成很小的水滴。这些小水滴漂浮在地面上空，就形成雾了。

露水是小草的眼泪吗？

有时候，我们会发现夜间明明没有下雨，但到了早晨，小草的叶子上却沾满了一颗颗亮晶晶的小水珠，是小草流眼泪了吗？这到底是怎么回事呢？其实呀，这些小水珠并不是小草的眼泪，而是空气中的水蒸气凝结在小草的身上了。无论在湿润的地方还是干燥的地方，甚至包括沙漠，都有很多的水蒸气。这些凝结在小草身上的水蒸气，就是露水。在几乎没有降雨的沙漠里，依然生活着许多动物和植物，他们就是从凌晨的露水中吸收水分而维持生命的。

那么，露水是如何形成的呢？因为晚上没有阳光了，地面的温度会下降，那些小草、树等一些植物的温度也会跟随周围的空气而下降，特别是在没有云的夜晚，地面会更快地散热，所以温度下降很快，这时，周围的空气也会变凉。随着空气温度的下降，水蒸气开始凝结成小水珠。这些小水珠会沾到小草、蜘蛛网等物体的上面，我们就给这些小水珠起了个很好听的名字，叫"露水"。当太阳出来后，这些可爱的小露珠就会慢慢消散了。

　　露水一年四季都有，秋天特别多。你别小看这些小水珠，无论对人、动物还是植物，它们都有着神奇的作用呢。

首先，露水对植物的生长很有利。在炎热的夏天，火辣辣的太阳会照射在植物的身上，会让植物蒸发掉大量的水分，变得枯萎而没有精神，如果没有足够的水分供养，这些植物很有可能会枯死掉。但到了夜间，由于露水的供应，又使这些植物恢复了生机。可见，植物的生长是离不开露水的。

　　其次，露水除了"润物无声"，对植物生长发育有好处外，对人体的健康也有很多好处呢。早在我国古代，医学家们就发现了露水的功效。明朝大医学家李时珍在他的《本草纲目》里就说过，小草上的露水能医治百病，它可以止渴止饿，还能让我们的身体感觉轻盈，充满水分而健康。据说，在古罗马时代，很流行的处方开头都写道："喝下一罐新鲜的露水。"可见，露水已经成了一种药材了。

另外，露水还是很好的保健品呢。化学家们认为，露水中含有植物渗出的很多对人体有益的化学物质。他们还发现，露水有着很强的渗透性，所以，用露水浇灌的植物比普通水浇灌的植物要生长得快。西方一些医学家提议，在沾满露水的草地上打滚儿，对身体和皮肤都有好处。如果睡眠不足，眼睛肿胀，用棉球蘸点露水，敷在眼睛上，就能快速消除水肿。很神奇吧？

蜘蛛网上的露水，能预测天气

蜘蛛一般是在晚上织网的，当遇到下雨或者刮风的天气时，蜘蛛就会休息不织网了。另外，蜘蛛还能预测第二天的天气呢，如果第二天是阴天或者雨天，蜘蛛也会休息不织网的。

当蜘蛛网上沾满了美丽的露水，说明这是一个晴朗的早晨。因为高温空气中的水分遇到地面上冷空气而形成露珠凝结在蜘蛛网上了，这说明大地上的水分不容易蒸发到天空中形成云，一般这种情况预示着白天天气晴朗。

为什么秋天的露水更多？

通过前面的讲解，我们知道了露水是空气中的水蒸气降温后凝结而成。到了秋天，特别是深秋时节，白天和夜间的温差很大。白天由于天气热，空气中的水蒸气也随之增多，夜晚温度又降得很低，那些水蒸气又凝结成小水滴降到植物上，所以我们在秋天看到的露水就比其他季节多了。

霜来给大自然做美白了

　　有时候在寒冷季节的清晨，草叶上、地面上常常会覆盖着一层白色透明的结晶，整个世界如同被笼罩上了一层白纱，在刚刚升起的太阳照耀下，闪闪发光，就像美丽的童话世界一般，晶莹剔透。大人们把这种现象叫做"下霜"。当太阳升高后这些闪闪发光的霜就融化了，整个世界就会恢复到原来的样子。但是在天气严寒的时候或者在背阴的地方，霜有可能几天都不消失呢。

　　霜和露水形成的原理是一样的，只不过空气温度在0℃以上就形成露水，空气温度在0℃以下就会形成霜，因为水在零度的时候就会结冰。凌晨，当空气温度在零下的时候，水蒸气沾在地面和草叶上就形成霜了，有时候也会先形成露

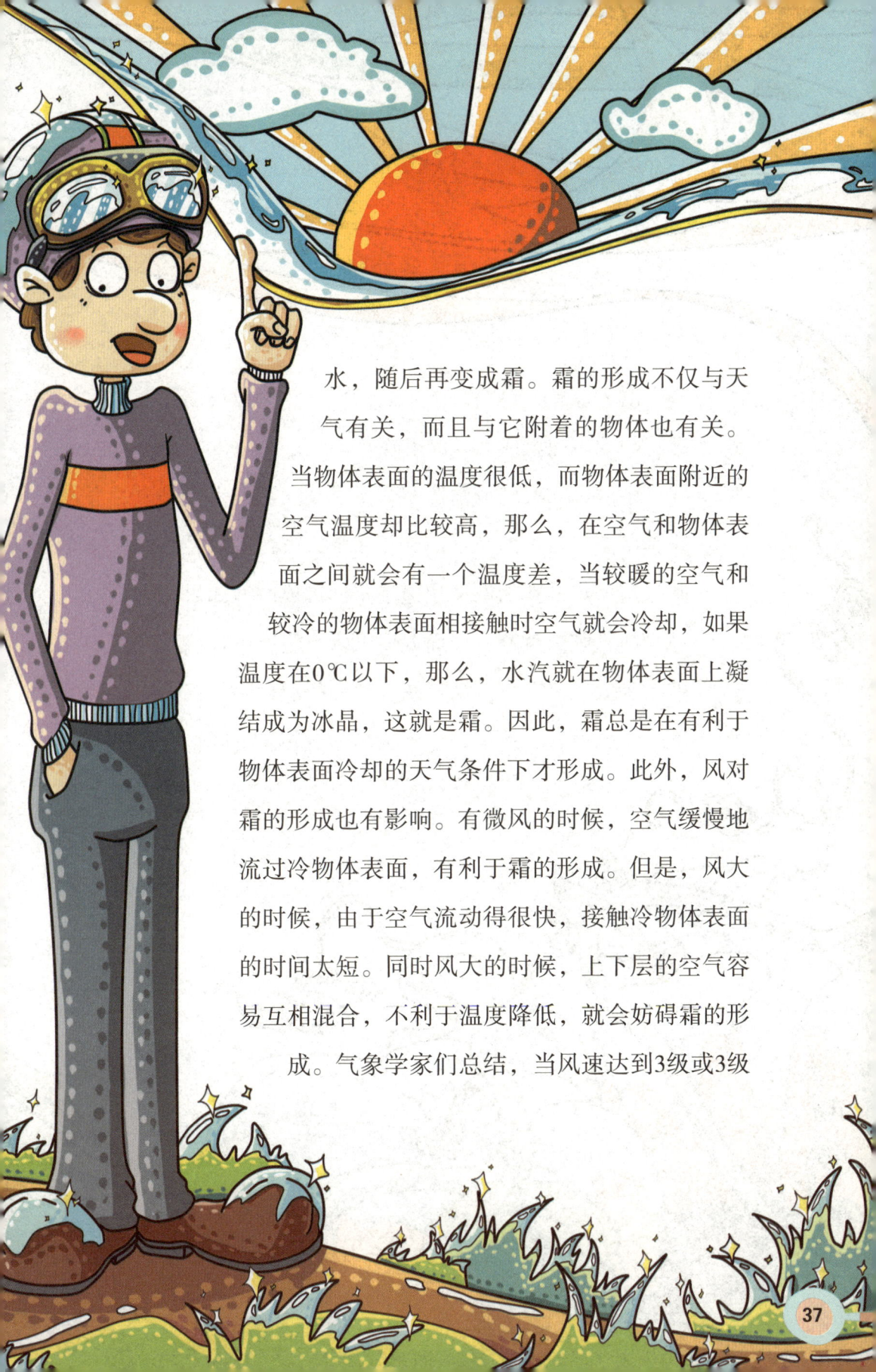

水，随后再变成霜。霜的形成不仅与天气有关，而且与它附着的物体也有关。当物体表面的温度很低，而物体表面附近的空气温度却比较高，那么，在空气和物体表面之间就会有一个温度差，当较暖的空气和较冷的物体表面相接触时空气就会冷却，如果温度在0℃以下，那么，水汽就在物体表面上凝结成为冰晶，这就是霜。因此，霜总是在有利于物体表面冷却的天气条件下才形成。此外，风对霜的形成也有影响。有微风的时候，空气缓慢地流过冷物体表面，有利于霜的形成。但是，风大的时候，由于空气流动得很快，接触冷物体表面的时间太短。同时风大的时候，上下层的空气容易互相混合，不利于温度降低，就会妨碍霜的形成。气象学家们总结，当风速达到3级或3级

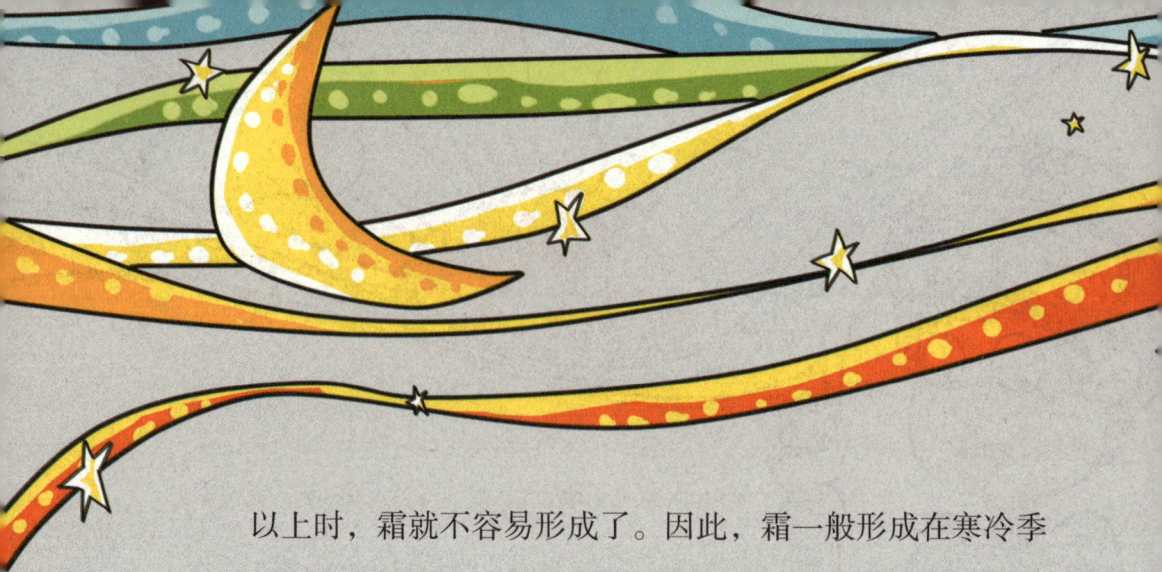

以上时，霜就不容易形成了。因此，霜一般形成在寒冷季节里晴朗、微风或无风的夜晚。

中国民间有句谚语叫"霜重见晴天"，也就是说，下霜预示着好天气的来临。为什么下霜就预示着会有好天气呢？因为霜是地面温度快速下降而形成的，如果是阴天，地面向外散热就慢，地面温度下降得慢就不容易形成霜。如果刮大风，空气流动得快，地面的温度和空气中的湿度混合，就没有温差了，也不容易形成霜。所以，有霜的天

气，一定是好天气。

　　霜本身对植物既没有害处，也没有益处。但是我们经常会听到某某地方发生"霜害"了，实际上是在形成霜的同时产生的"冻害"，我们把这种气象灾害叫做"霜冻"。这种现象一般多出现在秋末和春初的季节。霜冻对农作物的危害非常大，每当出现霜冻的时候，植物表面的温度就会下降到0℃以下，导致植物身体里的细胞水分也

结成小冰块，这些小冰块还要吸收植物身体里的其他水分，这样冰块就会越来越大，很快植物就会因为脱水而枯萎死亡。霜冻虽然可怕，但是再可怕的自然灾害，在聪明的人类面前，都威风不起来了。科学家们研究出了很多种对付霜冻的方法，如利用烟雾剂防冻，采用喷水法、加热法等很多方法来避免霜冻的发生，而且都取得了很好的效果。另外，在采用了加热法、喷水法以后，霜融化所形成的水，对农作物还有一定的好处呢。

小心，别让冰雹砸到你

天上下冰雹了，赶快找一个安全的地方躲避吧，不然，冰雹就会砸到我们的头上了。如果是小冰雹，那就不要紧了，要是大冰雹，可会有生命危险的呀，有的地方下的冰雹有鸡蛋那么大呢！

又不是冬天，天上为什么会有冰块掉下来呢？不用惊讶，其实这是一种很正常的自然现象。

冰雹是由非常不稳定的空气团形成的。不稳定的空气团是指温度比周围高出很多，正处于快速上升的气流。这种气流升到天空中就成了云，叫做积雨云。从名字我们就能看出，有了积雨云是会下雨的呦。另外，水蒸气到了高空中就变成了水滴，这些小水滴凝结后会变沉，然后落下来，当遇到上升的气流

时，又会升上去。这样上下移动几次，冰块就会越来越大了，那些落下的冰块就是我们所说的冰雹了。冰雹的形成，对温度是有很高的要求的。如果温度太低了，空气中就没有足够的水蒸气，冰块就不能变大，如果温度太高，冰块就会被融化掉，所以，5℃~25℃的天气温度是最容易形成冰雹的。在我国，4~7月份，是最容易出现冰雹天气的，这是因为这几个月份的温度适合冰雹的形成。冰雹有大有小，一般都在2~6毫米左右，大的有5~20毫米之间那么大。

别看冰雹不大，它跟大树一样，还有年轮呢。如果我们捡回一个冰雹，把它切开，就能看到里面有一圈一圈就像大树年轮一样的纹。这是因为小冰雹在空中上下移动的时候，每移动一次，就会结合一些水蒸气，让自己变大一些，再移动一次，又会结合一些水蒸气，又变大一些，这样，反反复复，小冰雹就会逐渐包围好几层冰层，让自己变得很大。如果纹多，就说明它上下移动的次数比较多了。这就是小小的冰雹为什么会有年轮的原因了。

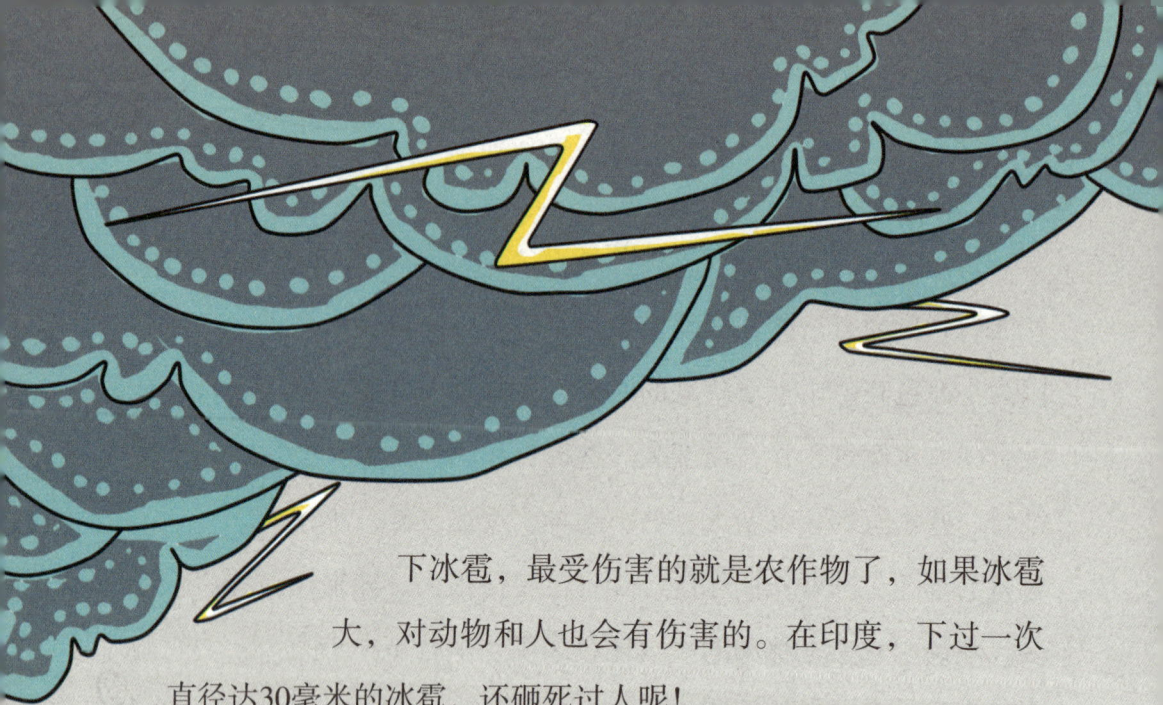

下冰雹，最受伤害的就是农作物了，如果冰雹大，对动物和人也会有伤害的。在印度，下过一次直径达30毫米的冰雹，还砸死过人呢！

既然冰雹对人类有害，那么，我们就要做好冰雹的预防工作了。我来教你几招如何识别是否会有冰雹天气。第一招叫做辨风向。下冰雹前，常常会出现大风，而且风向变化不定，有谚语"风拧云转雹子片"的说法。另外，如果连续刮南风以后，风向转为西北或北风，风力加大时，则冰雹往往会伴随而来，因此有谚语说"不刮东风不下雨，不刮南风不降雹"。第二招叫做看云彩。从云的颜色可以看出是否要下冰雹，有句谚语说"黑云尾、黄云头，冰雹打死羊和牛"。还可以从云的形状上看是否要下冰雹，"午后黑云滚成团，风雨冰雹齐来""天黄闷热乌云翻，天河水吼防冰雹"都说明黑

云滚滚，是下冰雹的前兆哦。第三招叫做听雷声。"响雷没有事，闷雷下蛋子"则说明如果雷声沉闷，连绵不断，就可能要下雹子了。第四招叫做看闪电。"竖闪冒得来，横闪防雹灾"，一般冰雹云中的闪电多数是云块与云块之间的闪电，就是横闪，说明云中形成了很多冰块。第五招叫做感冷热。"早晨凉飕飕，午后打破头""早晨露

水重，后响冰雹猛"，如果早晨凉、湿度大，中午太阳光强，容易形成冰雹天气。最后一招就是看物象了。"鸿雁飞得低，冰雹来得急""柳叶翻，下雹天""牛羊中午不卧梁，下午冰雹要提防""草心出白珠，下降雹稳"，这是动物和植物出现的反常行为和状态，就说明冰雹天气要来临了，你可要做好防范工作呦！

可怕的温室效应

冬季，尤其是北方的冬季，不仅漫长而且十分寒冷，每当这个时候，我们就期待着春暖花开的季节早日到来，有时候也幻想，如果没有寒冷的冬季该多好呀。其实，如果地球没有冬季，只有暖暖的夏季，那对于人类来说，是可怕的灾难。

现在，我们的地球已经出现了温度不断上升的趋势。地球为什么会越来越暖和呢？因为地球的大气层是一个"温室"，主要是由二氧化碳、氯氟烃、甲烷和水蒸气组成的，它就像一个大大的玻璃罩，罩在地球上空，阳光能通过它照射到地面，但是地面的热量却不能穿透它散发到宇宙空间中去，所以，被罩在这个大罩子里面的地球才会暖洋洋的。可是现在，由于空气中排放的二氧化碳等气体逐年增多，导致这个大"玻璃罩"越来越厚。而二氧化碳具有吸热和隔热的功能，它就像一层厚厚的棉被环绕着地球，让辐射到地面的阳光和热量无法向外发散，这样地球表面就逐渐变热，这就是我们常说的"温室效应"。而引起温室效应的气体，叫温室气体。温室气体除了二氧化碳以外，还有水蒸气、氧化亚氮、甲烷、氟利昂等，其中水蒸气最多，但是大气中的水蒸气数量基本是不变的，所以导致温室效应的，主要还是其他气体。

　　地球变暖对我们的危害是非常大的。首先，南极、北极的冰河解冻会导致海平面上升淹没陆地，陆地的面积越来越少，人类和各种陆地动物生存的空间就会越来越小。现在，地球北极的冰川面积连续四年都在减少，而且大面积的冰层也在融化，上百万北极居民的生活圈也越来越小，北极熊等野生动物都在遭受濒临灭绝的危险。其次，如果温室效应太强的话，地球的温度就会比正常的温度高很多，就会因为异常气象造成灾害。天气逐渐变热会导致土地干旱，沙漠化面积增大，地球上的病虫害也会随之增多，那么人们的生活将会很艰难。

　　为了不让地球变暖，我们就应该努力保护我们的家园。温室效应的产生，是因为生态环境遭到了

破坏，所以，我们应该学会保护环境。当我们出行时，要尽量坐公交车，如果路途较近，可以步行，尽量少开汽车，这样就能减少汽车尾气的排放量了。在生活中，我们使用的空调和冰箱，对环境的破坏是最严重的。它们不仅消耗大量的电能，而且空调排放的气体中含有甲烷，也会导致全球变暖，冰箱产生的氟利昂可以破坏臭氧层，这些都不利于生态环境。还有，就是一定要保护好森林和海洋，不滥砍滥伐森林，不让海洋受到污染，不要乱捕乱杀动物，保护生态平衡。多植树造林，保护草坪和花草，还可以多在家里养一些花草盆景来吸收空气中的二氧化碳，消灭这个制造温室效应的罪魁祸首。

臭氧层破洞了

太阳是一个非常大的热球，那么它到底有多热呢？我们一起来看一个数字就明白了。地球接受太阳的温度只有太阳温度的22亿分之一，可见，太阳应该是一个超级热的大火炉，如果太阳所有的热量都照射在地球上，对人类和其他的生物可是非常危险的呀。但事实上，我们并没有受到伤害，那么太阳其他的热量跑去哪里了呢？原来，地球有一把无形的太阳伞，把太阳其余的热量和太阳辐射中的有害物质都遮挡在了大气的

外面，这个大太阳伞就是臭氧层。

臭氧层主要是在距离地球表面大约15~30千米的平流层中，因为这里面含有大量的臭氧，所以才被称作臭氧层，臭氧层中含的臭氧量是地球总臭氧量的90%。臭氧层在阻挡太阳紫外线方面起着非常重要的作用，它可以避免大量紫外线直接辐射地球，为地球上的生命提供一个"安全"的生存环境。

可是，由于地球环境不断被破坏，这个让地球安全的臭氧层也遭到了严重的破坏。地球上的很多有害气体对臭氧都具有破坏作用，一旦臭氧与这些气体发生反应，臭氧层就会遭到破坏。现在在很多地方，比如北美、欧洲，保护地球的臭氧层正在变得稀薄，在南极上空的臭氧层已经破洞了，而且这个洞非常的大，都接近整个北美洲的面积了，而且这个大洞还在一点一点地扩大。

那么，为什么臭氧层的破洞会越来越大呢？罪魁祸首就是我们人类了。我们所从事的多种生产活动，生成了大量的氮化合物、氯等，还有我们使用的空调、冰箱等，会排放出一种叫做"氟利昂"的化学物质。这种化学物质到臭氧层之后，会把臭氧除掉，这样臭氧层就遭到破坏了。要想把已经遭到破坏的臭氧层恢复到原状，那可是一件相当困难的事情。

臭氧层遭到破坏后，臭氧量不断减少，这会使地球大气的低层变暖，高层变冷，加重地球的温

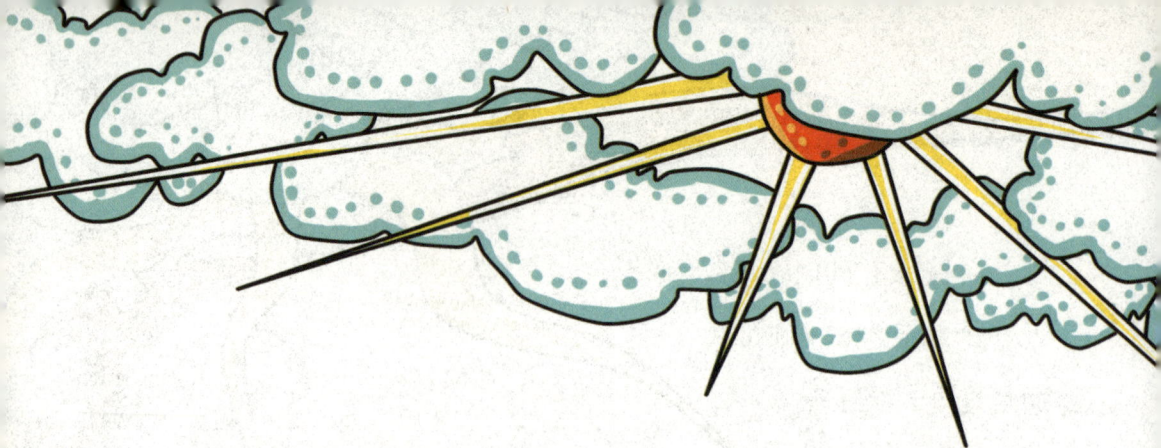

室效应，使地球气候变得更加异常，给我们的生活带来很多麻烦。比如，现在南极附近的臭氧层被严重破坏了，而离那里比较近的国家智利的南部地区，为了防止太阳光的强烈照射，人们每天都必须穿长袖的衣服，还要戴太阳镜，要不然，就会被太阳光里的紫外线严重灼伤的。臭氧层的保护作用实在是太重要了，所以，我们一定要好好保护它。

爱护臭氧层，要求我们每个人都采取实际行动去少用或者不用对臭氧层有损害的氟氯碳、哈龙、氯氟烃、甲基溴等物质，因为使用包含这些物质的产品会导致臭氧的减少。那么这些有损臭氧的物质都存在哪里呢？比如冰箱、空调、沙发、一次性餐盒的泡沫，还有灭火剂、气雾剂、清洗剂等都含有这些破坏臭氧层的有害物质。

冬季也要防紫外线

很多人都认为紫外线最多最强的时候是在夏季，所以，在夏季很重视防紫外线，可是一到了秋季和冬季，就把防紫外线的事情抛到脑后了。其实，秋冬季节的紫外线也很强烈，秋季紫外线的长时间照射可能是皮肤老化的主要原因。而冬季的阳光虽然感觉不像夏季那么强烈，但是冬天大气吸收的紫外线也减少，所以，太阳的紫外线很大一部分都直接照射在我们的皮肤上了。因此，我们在秋季和冬季也不能忽视防晒哦，不要长时间暴晒在阳光下，否则皮肤会受到伤害的。

臭氧层到底"臭不臭"？

臭氧的确是一种有着特殊臭味的淡蓝色气体。1840年，德国化学家舍拜恩博士在一次试验中，偶然发现了这种带有异味的气体，因此将它命名为臭氧。臭氧还具有消毒杀菌、漂白饮用水和净化空气的多种作用，但如果臭氧浓度太高，就会刺激、伤害我们的眼睛和呼吸道。不过，由于臭氧的臭味非常明显，人们会很容易就觉察到，到目前为止也没有出现一例因臭氧而中毒死亡的报道。

"圣婴"降临人间

　　"圣婴"，可不是一个人的名字，它是一种很异常的自然天气，我们通常叫它厄尔尼诺。厄尔尼诺是西班牙语的音译，它的原意是"圣婴"或"耶稣之子"。之所以起了这样一个很可爱的名字，主要是因为它通常会在圣诞节前后降临地球，给地球带来一场反常的暖流。这个暖流，最初来到地球的时候，并没有给人类带来危害，所以，也没有得到人们的重视。可是现在，随着它不断地壮大，频频地把灾难带给人类。"圣婴"出现的时候，整个世界的气候都会发生异

常，一些地区可能会大面积降雨，而另一些地区可能会出现严重的干旱，这种异常的天气有时候会持续到3月份以后，引起更大范围甚至全球性的自然灾害。

是谁把"圣婴"带到了人间呢？原来呀，它是太平洋赤道带大范围内海洋和大气相互作用后失去平衡而产生的一种气候现象。正常情况下，热带太平洋区域的季风是从东走向西的，但这种风向每2~7年就被打乱一次，使风向发生改变，太平洋表层的热流就会转而从西向东走，随之带走了热带降雨，就出现了厄尔尼诺现象。1997年，全球曾爆发近百年来最强的厄尔

尼诺现象，它导致了全球许多地区的气候异常，很多国家和地区降水突然增大，发生严重的洪涝灾害，而另一些国家和地区则高温少雨。在中国，北方夏季天气持续高温，时间之长、温度之高都是历年所罕见的。1982年出现过20世纪以来最严重的一次厄尔尼诺现象，在全世界造成了大约1500多人死亡呢。进入20世纪90年代以后，随着全球变暖，"圣婴"降临得越来越频繁了，给地球带来的危害也越来越大。

　　"圣婴"居然还能席卷全球，它的威力为什么会这么大呢？因为对于地球来说，海洋不仅面积大，而且就像是一个遥控器一样，调节着地球上空气的温度和湿度。海水的温度即使是发生很小的变化，都会给地球的温度带来巨大的变化。如果出现厄尔尼诺现象，地球赤道东部的海水温度就会升高，导致印尼、澳大利亚等地区干旱，给当地的农作物带来旱灾。而在秘鲁、智利等地，则会连降暴雨，在智利北部的阿塔喀马沙漠还出现了几百种鲜花竞相开放的奇特现象。由于雨水过多，还会形成洪涝灾害，给城市带来严重的破坏，甚至造成人类的伤亡。每当厄尔尼诺现象发生时，大范围的海水温度比往常要高出3℃~6℃，导致南部非洲、东南亚和澳大利亚遭受旱灾，同时带给秘鲁、厄瓜多尔和美国加州的则是暴雨、洪水和泥石流。这种现象最直接的受害者就是热带东太平洋海边的渔民，特别是秘鲁沿海靠打鱼为生的渔民，因为厄尔尼诺破坏了海洋环境，鱼类和海鸟大量死亡，这些渔民就没有了生存来源。

"圣女"可不是个好惹的小女孩

地球上出现了"圣婴"就已经够让人感觉可怕的了，"圣婴"还有个妹妹叫"圣女婴"呢，别看它名字好听，其实也是一种可怕的自然现象。

"圣女婴"，它的名字叫做拉尼娜，意为"小女孩"，这个名字也很好听吧？它是与"圣婴"相反的一种自然现象。一般来说，在出现厄尔尼诺现象之后的第二年，拉尼娜才会随之而来。可以说，拉尼娜就是厄尔

尼诺的"妹妹"，但是这"兄妹俩"却有很多地方都不一样。

拉尼娜指赤道附近东太平洋水温反常下降的一种现象，表现为东太平洋明显变冷，同时也伴随着全球性气候混乱，总是出现在厄尔尼诺现象之后。拉尼娜也称反厄尔尼诺现象。

厄尔尼诺和拉尼娜是赤道中、东太平洋海温冷暖交替变化的异常表现，这种海温的冷暖变化过程构成一种循环，在厄尔尼诺之后接着发生拉尼娜并非稀罕之事。同样拉尼娜后也会接着发生厄尔尼诺。兄妹俩总是这样交替登场。厄尔尼诺现象与赤道两侧的信风减弱有一定的关系；而拉尼娜则与信风的增强有关。拉尼娜的出现会使东太平洋的海水温度异常下降，同时也伴随着全球性的气温混乱。对赤道附近的太平洋东西岸来说，东岸会更加干旱，西岸则更加潮湿，引发洪涝。另外，拉尼娜出现的时候还经常伴随着台风。1998年，中国长江流域发生了特大的洪水，就与拉尼娜有一定的关系。拉尼娜现象常与厄尔尼诺现象交替出现，但发生频率要比厄尔尼诺现象低。拉尼娜现象出现时，我国容易出现冷冬热夏、"南旱北涝"现象；印度尼西亚、澳大利亚东部、巴西东北部等地降雨偏多；非洲赤道地区、美国东南部等地易出现干旱。

沙尘暴，让人欢喜让人忧

在地球上，有两个兄弟，分别叫沙暴和尘暴，因为他们总是一起出现，所以人们就将其统称为沙尘暴。当大风把地面上的沙和尘吹起来卷入空中的时候，空气就特别浑浊，当空气的浑浊程度让我们看不见一公里以外的事物时，那就是发生严重的沙尘暴了。

沙尘暴可是一个历史悠久的气象现象，有些国家的祖先曾以为沙尘暴天气是天上下

沙子了，所以，给沙尘暴起了个形象的名字叫"土雨"，在20世纪三四十年代，才诞生"沙尘暴"这个名字的。

为什么会发生沙尘暴呢？当然，最强大的动力就是风了。除了风以外，如果天气干旱少雨，然后又突然变暖，气温回升，也有可能导致沙尘暴的发生。

沙尘暴对人类的危害可是非常大的。沙尘暴携带的沙粉尘，不仅能够摧毁建筑物和很多公共设施，严重时还能造成人和动植物的伤亡呢。有些沙尘暴还能淹埋农田、村舍、铁路、草场等，尤其是对交通运输造成的危害最大。还有，沙尘暴对环境污染是特别严重的，狂风带着沙

石、尘土到处弥漫，凡是经过的地方，空气混浊、呛鼻障目，会让呼吸道等病人增多。沙尘暴天气携带的大量沙尘会遮挡阳光，造成天气阴沉，还会让人感觉心情沉闷，工作和学习效率降低。看来，沙尘暴可真是一个坏家伙呀。

沙尘暴除了对人类有害以外，还在一定程度上维护生态系统的平衡。黄沙中含有的碱性成分会防止湖水和陆地的酸性化，也能减少酸雨给地球带来的危害，还能带来植物生长所需要的镁和钙等营养物质，可以起到肥料的作用。还有，澳洲的红色沙暴中夹带的大量铁物质，能给南极海洋的生物提供重要的养分，而这些植物能吸收很多的二氧化碳，帮助缓解温室效应的危害。地球上有个地方叫亚马孙盆地，沙尘暴也给它带来了好处，沙尘暴里的铁离子，能让这个地方的山石长满了植物

变得葱葱郁郁的，

在澳洲，沙尘暴里的

红色石英物质，能让新西兰的土

地变得更肥沃。在夏威夷，当地肥沃的土

壤里有很多养料成分都是沙尘暴从遥远的

欧亚大陆带来的礼物。这两地相距万里，

普通的风是没办法把这些物质带到这么遥远

的地方的，因此，正是沙尘暴，把细小却包

含养分的尘土携上3000多米的高空，

穿越海洋，再把它们播种

下来，很神奇吧！

天上的棉花糖好吃吗?

天空中飘浮着朵朵白云，它们松松软软的样子，就好像一块块巨大的棉花糖，让人垂涎欲滴。这些白云好吃吗？告诉你们，它们可是中看不中吃的。尽管长得很像棉花糖，却不是用糖做的，而是由飘浮在空中的小水滴汇聚而成的。这又是怎么一回事呢？在地面向上几千米的大气层里，越往高处温度越低。当温度足够低的时候，空气就会变成小水滴，当

温度再低些，小水滴又会变成小冰晶。这些小水滴和小冰晶在高空中越来越多地聚集到一起，就成了我们在地面上看到的云了。

既然云是由那么多小水滴和小冰晶组成的，那它一定很重吧？的确，有人计算过，就算是看起来很小的一片云，一般也要100多吨重，相当于20只大象的重量了。可是，为什么这么重的云会如此轻盈地飘浮在空中而不掉下来呢？因为虽然整个云朵很重，但组成它的每个小水滴却很轻，下降的速度很慢，而且又有空气在底下托着，所以它们才会飘浮在空中来回游荡，却始终掉不下来。

这些白云时而浓密，时

而稀疏；时候宽大，时而窄小。真是绚丽多姿，变幻无穷。19世纪初，英国有一位叫霍德华的科学家，也非常喜欢云，他还把云分成了积云、卷云和层云三类，这种分类方法一直沿用至今。天空中，最轻薄的当属卷云了，它有时像一片薄纱，有时像一缕青烟，阳光能轻而易举地穿透卷云照到地面上。如果很多卷云排列在一起，像微风拂过水面的样子，就成了卷积云。卷云和卷积云都属于水分含量很少的云，是不会给我们带来雨雪的。另外一种像面团一样分散着游荡在空中的云朵，就是积云了。它离我们大概有2000多米高，上午出现，午后尤其多，到了傍晚就会慢慢消散了。第三种就是层云，它像纱帘一样弥漫整个天空，望上去到处是灰蒙蒙的一片，这就意味着雨雪马上就要来临，你可要做好防护准备了。

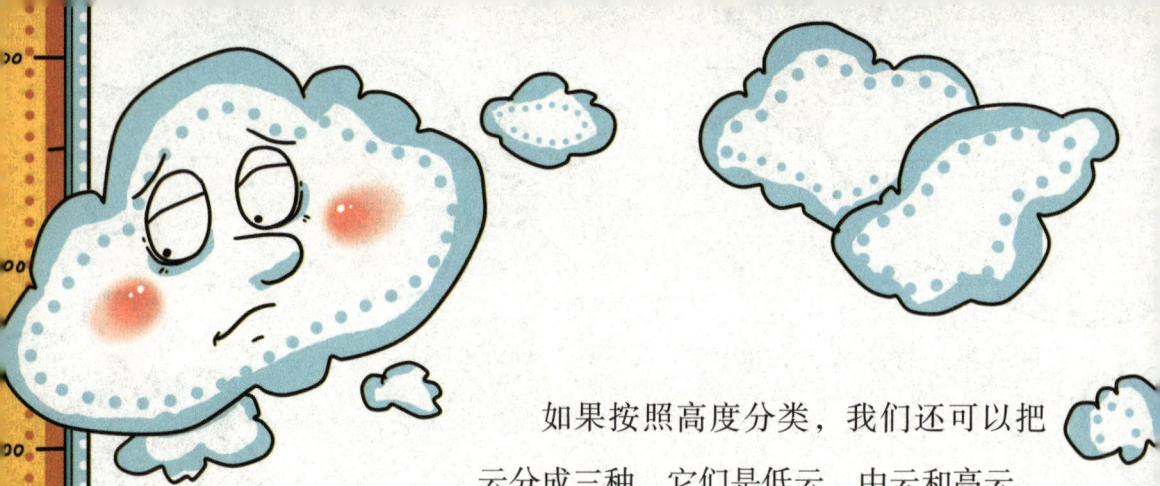

如果按照高度分类，我们还可以把云分成三种，它们是低云、中云和高云。低云中的云大部分都是由空气中的水汽构成的，而且距离我们最近，呈现出黑灰色，它大多是降水的发源地。中云只有高积云和高层云两个家庭成员，它们是由小水滴和小冰晶混合而成的，质地也很厚密，会导致降雨或降雪呢！至于高云，就像它的名字一样，真是高高在上，住在空中最高最冷的地方，它完全是由小冰晶组成的，反射着锐利的光芒，高云特别清高，对雨雪之类的根本不屑一顾，所以啊，它才不会轻易下雨或下雪。

是谁请来了风？

一年四季，每个季节都离不开风。你看，温柔的春风，凉爽的夏风，肃杀的秋风和刺骨的寒风。那么，你们知道到底是谁把风请到我们身边的吗？

风是空气在水平方向上的流动。由于世界上每个地方的冷热程度不一样，所以各地空气的冷热程度也不一样，再加上之前我们提到过的地球总是在不停地自转，这两种原因都会使空气流动的方向发生变化，形成各种各样的风。

不过，风有时还会受到海洋和地形的影响。我们先来说说海洋的影响：去过海边的小朋友一定很

留恋那里宜人的气候吧？炎热的白天，阵阵清凉的海风从海上迎面吹来，让人感到十分惬意。夜晚，夹杂着海腥味的海风可以让在屋里休息的我们舒舒服服地睡上一觉。这种在沿海地区循环变化的风被称为海陆风。在山区，白天风从山谷吹向山坡，夜晚风从山坡吹向山谷，这就是人们所说的谷风和山风了。

我们要想好好了解风，还要知道风向和风速。风向就是风的来向，比如说东南风，就是从东南方吹来的风。而我们平时所说的"4级

风、5级风……"就是指风速了，风速按照风的大小划分成0~12个级别，但实际上有的风速要远远超过12级呢！比如说恐怖的台风、龙卷风等等。

风对人们的生产和生活产生了很大的影响。风可以帮助许多植物传播花粉和种子，帮助它们繁衍生息。比如说随风飘散的蒲公英，就是风帮助它们安好了家。在寒冷的冬季里，风还能调节气温，把寒冷的空气吹散，从而保护了树木。风还能把空气中的粉尘和气味吹散，还人们一片清新的空气。但是，如果出现了8级以上的大风，就不是件好事了，它会吹折树木，摧毁庄稼，给人们带来很大的麻烦。

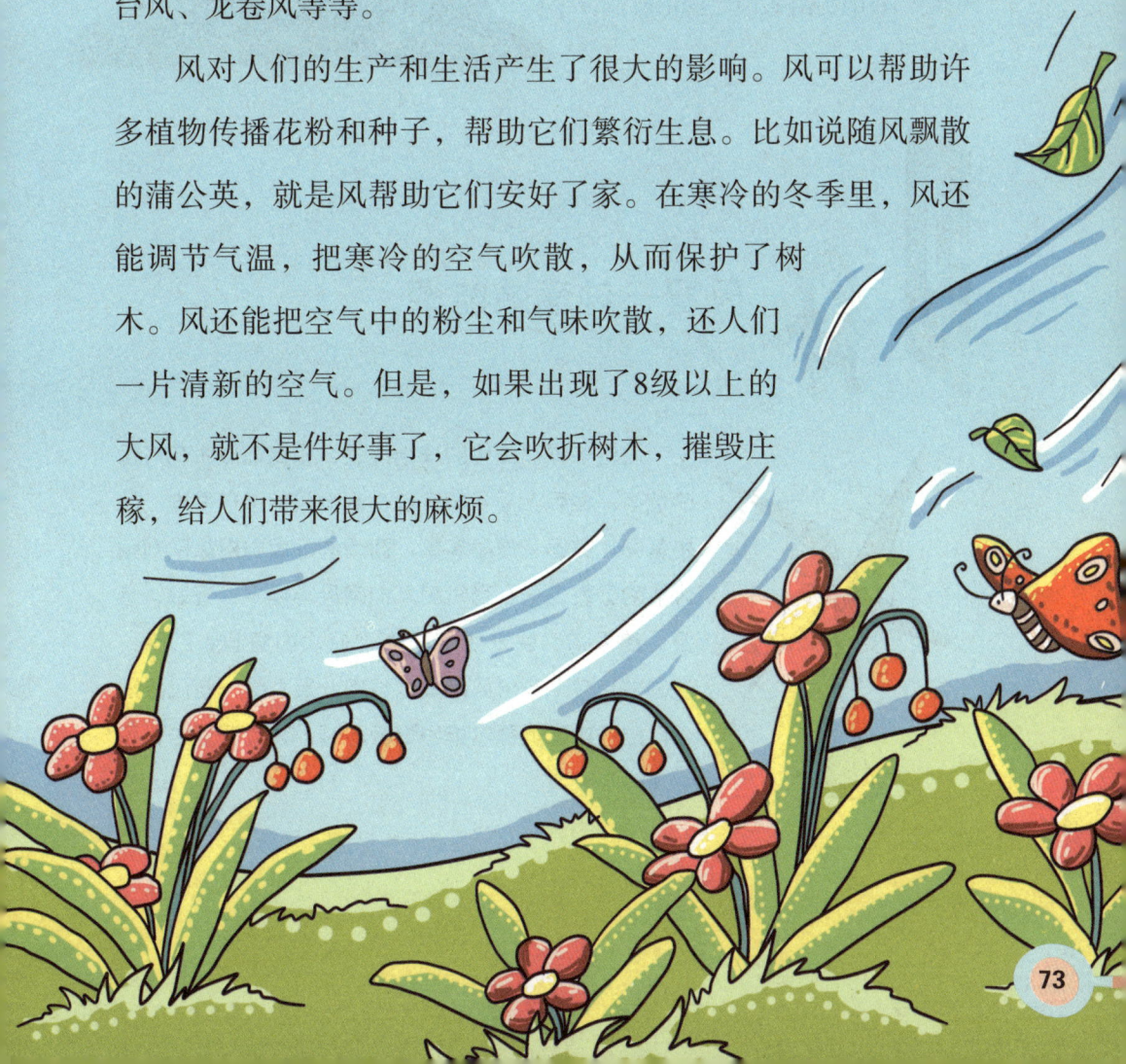

什么是焚风?

焚风是在山区里形成的一种特殊的风。由于山体的背风坡有一股干燥而炎热的气流,并随着背风坡的地形而下沉。它就像一团炙热却没有火苗的"火"一样,烤着周边的植被,让它们变得又黑又焦,严重的时候甚至还会引起森林大火。这种焚风在全国各地都会出现,我国四川省的二郎山就是一个焚风区。

风是一种清洁能源

风是一种可再生的清洁能源,具有低成本和环保的优点。世界上很多国家都在利用风能进行发电,比如美国、法国、德国等等。而我们国家则是最早利用风能的国家之一,当时的人们用风能提水、灌溉、磨面,给人们的生产生活带来了很大的便利。目前,我国共有几十万台风能发电机组,最大的一座风能发电厂位于新疆维吾尔族自治区坂城,装机容量达到了4000千瓦。

海上一霸——台风

台风是一种发生在热带海洋上的具有强大的破坏力的天气现象。台风经常与大风和大暴雨"同流合污"，以海上霸主的

姿态侵害人们的生活。那么，这么可恶的台风到底是怎么形成的呢？

原来，在一些热带地区的海洋上，太阳光非常强烈，把海水晒得特别热，海水随之就蒸发出很多水汽，周围那些稍冷的空气就会趁机补充进来，而后再继续上升，就这么不断地循环，使这一片海域上的气流不断扩张，形成了"风"。另外，由于地球自西向东不停地自转，就使海面上形成的"风"沿着逆时针方向发生剧烈旋转，最终形成了带有漩涡的台风。

台风最高时可以达到200多千米高。台风共有三个组成部分，从里往外分别是台风眼区、云墙区和螺旋雨带。台风眼区是漩涡所在的中心地带，这是台风破坏最弱的地方，发生大面积台风时，如果那个地区正好处在这一区域，不仅不会遭到损害，还会拥有一个高温晴朗的天气。而云墙区里的人们就惨了，这是台风中天气最坏的地方，一般都会伴随持续几天的特大暴雨。螺旋雨带，顾名思义，肯定是降雨较多的地带了，不过不会像云墙区的暴雨那样凶猛而已。

一般台风会持续几天。但就这几天它也会给人们带来巨大的财产损失。它会摧毁房屋、马路，还会引发洪水、泥石流、海啸等灾害。比如，1979年日本的特大洪灾就是起源于台风。所以，为了减小台风造成的伤害，学校都会给小朋友们放假，让他们在家安全地躲过台风。

　　台风虽然会给人类带来灾难，但它也是有一定的好处的。它给人们带来的最厚重的礼物就是丰沛的降雨。台风光是给我国、东南亚各国和美国带来的降雨就占到了这些地方总降雨量的1/4以上。想一想，如果少了这些降雨，农业生产要面临多大的困难呀！另外，台风还能驱散严寒和焦热，让世界各地的温度保持

均衡，让人们生
活得更舒适一些。

　　我们所说的台风，
其实有很多个名字。
欧洲和北美人称它为"飓
风"，印度和孟加拉国人称它为
"热带气旋"，在南半球则统一称
它为"气旋"。这样，在预报台风的时候就会产生很多麻
烦。为了解决这个问题，2000年，世界气象组织就开始对台风
实行统一命名。最后，他们决定让台风委员会的14
个成员国来提供名字，每个国家提供10个。就这样，
台风一共拥有了140个有趣的名字，比如说"天鹅""玫
瑰""蝴蝶""布拉万"等，真是丰富多彩！

最强悍的龙卷风

你知道地球上最迅速最猛烈的强风是什么吗？告诉你，是龙卷风。我想大家一定在报纸和电视上都听过它的名字，现在就让我们一起来认识它吧！

听它的名字，大有席卷一切的气势，让人不

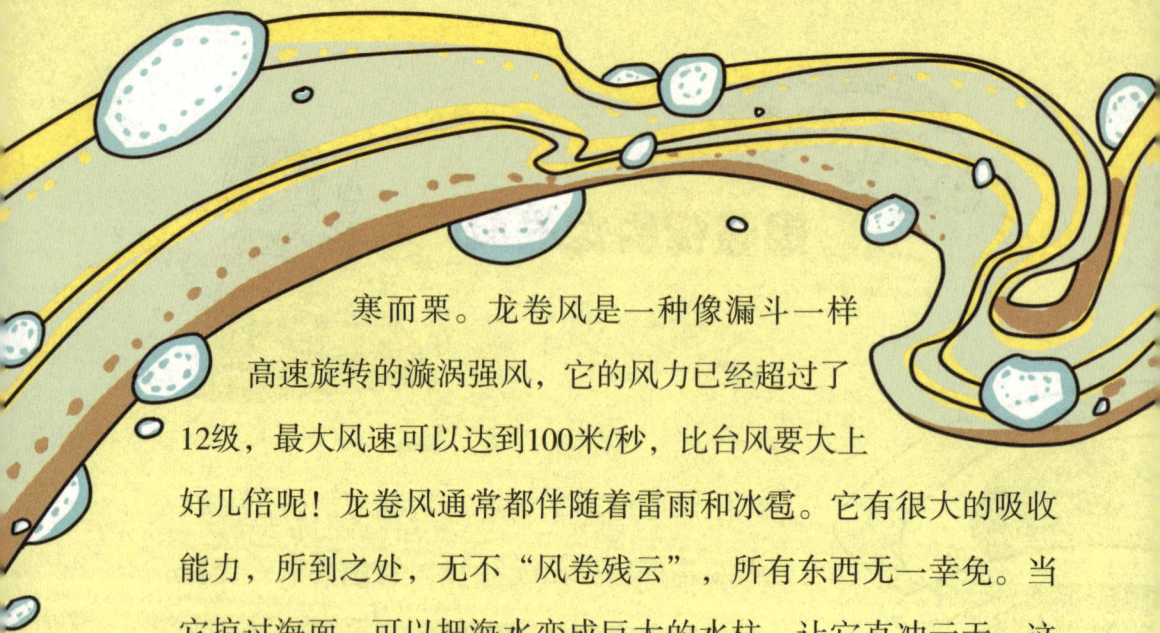

寒而栗。龙卷风是一种像漏斗一样高速旋转的漩涡强风，它的风力已经超过了12级，最大风速可以达到100米/秒，比台风要大上好几倍呢！龙卷风通常都伴随着雷雨和冰雹。它有很大的吸收能力，所到之处，无不"风卷残云"，所有东西无一幸免。当它掠过海面，可以把海水变成巨大的水柱，让它直冲云天，这被人们形象地称为"龙取水"。

这么恐怖的龙卷风到底是怎么形成的呢？原来是大气中出现了非常强烈的上升气流，由于在上升的过程中和风相遇，就使这种上升的气流发生了旋转。在行进的过程中，这股旋转的气流要不断向上空和地面方向拉伸，当这股气流到达地面时，使地面的风速以迅雷不及掩耳之势飞速上升，最终形成了厉害的龙卷风。

龙卷风突然而猛烈，在美国每年死于龙

卷风袭击的人相当之多。1999年5月，美国的得克萨斯发生了一场特大的龙卷风。在强大的龙卷风中，50多所房屋都被卷走，死亡人数达到了32人。20世纪50年代，我国的上海也发生了一次龙卷风，它不费吹灰之力就把一个110吨的储油桶，从20多米的高空一下子抛到了100米开外的地方。

虽然龙卷风的威力奇大无比，但它持续的时间只有几分钟，袭击的范围也很小，而且现在天气预报的准确性也有了很大的提高，可以让人们提前对这种灾害进行防范。但是，如果我们真的有一天遇到了龙卷风，又该怎么把损失降到最低呢？

如果当时在家，你一定要远离门、窗和最外层的墙壁，最好躲到地下室里。如果没有地下室，就要抱头蹲下或躲到与龙卷风方向相反的小房间里。如果在户外遇到龙卷风，就赶紧找到和大树、电线杆离得比较远的低洼地里躲避，这样才不会被砸伤。

你看，天空裂缝了！

　　每当夏日里下起倾盆大雨，我们经常会看到一道刺眼的强光，就好像在漆黑的天幕上劈开了一个巨大的裂缝，紧接着就是一阵阵震耳欲聋的"轰隆隆"巨响。我们看到的那道强光和听到的声声巨响就是闪电和雷声了，这种雷电现象实际上是一种大气的放电现象。

很久以前，人们还不知道这是一种自然现象，就说这是天上的"雷公电母"在惩罚世间的恶人。直到1752年，美国有个勇敢的科学家富兰克林，在雷雨天里，把一只带有金属的风筝放上了天，把雷电引到地面。通过这个实验，他发现了雷电产生的秘密。那么雷电到底是怎么产生的呢？

我们先来看看闪电吧！我们都知道天空中有很多云，当这些云随着气温的不断下降，里面的空气就会凝结成许多小水滴和小冰晶，而这些小水滴上面都带满了电，这些电里有正电荷和负电荷两种。云的上半部一般带的是正电荷，下半部一般带有负电荷。这样，云的上下部分就会形成一个电位差，当这个差到达一定程度以后，就会在空中放电，这就是我们平时看到的闪电

了。闪电的带电量非常高，普普通通的一个闪电的带电量就相当于一个小型的核电厂的发电量了，你说它的能量强大不强大？小朋友可不要模仿哦！

伴随着闪电，我们总会听到雷声，它们就像一对形影不离的好朋友，总是成双成对地出现。为什么会产生雷电不分家的现象呢？我们快去寻找一下答案吧。在闪电出现的时候，会产生很强大的热量，这种瞬间产生的热量会让周围的空气突然变热，让空气迅速膨胀起来，对周围空气产生强大的压力。就这样，本来宽宽松松的云层一下子被挤得满满当当了，最后，怎么挤都挤不下的时候，云层中的空气就会突然炸开，它炸裂的声音也就是我们听到的打雷声。

为什么我们每次都是先看到闪电后听到雷声呢？其实，闪电和雷声基本上是同时发出的，只不过它们在空气中传播的速度不同而已。光在空气中传播速度是30万千米／秒，而声音的速度是340米／秒，由此可见，光的速度要比声音的速度快很多呢！因此，我们总是在看到闪电之后才听到雷声。

雷是个大家庭，一共有直击雷、电磁脉冲、球形雷、云闪四个兄弟姐妹。直击雷和球形雷对人体和建筑物的伤害最大，电磁脉

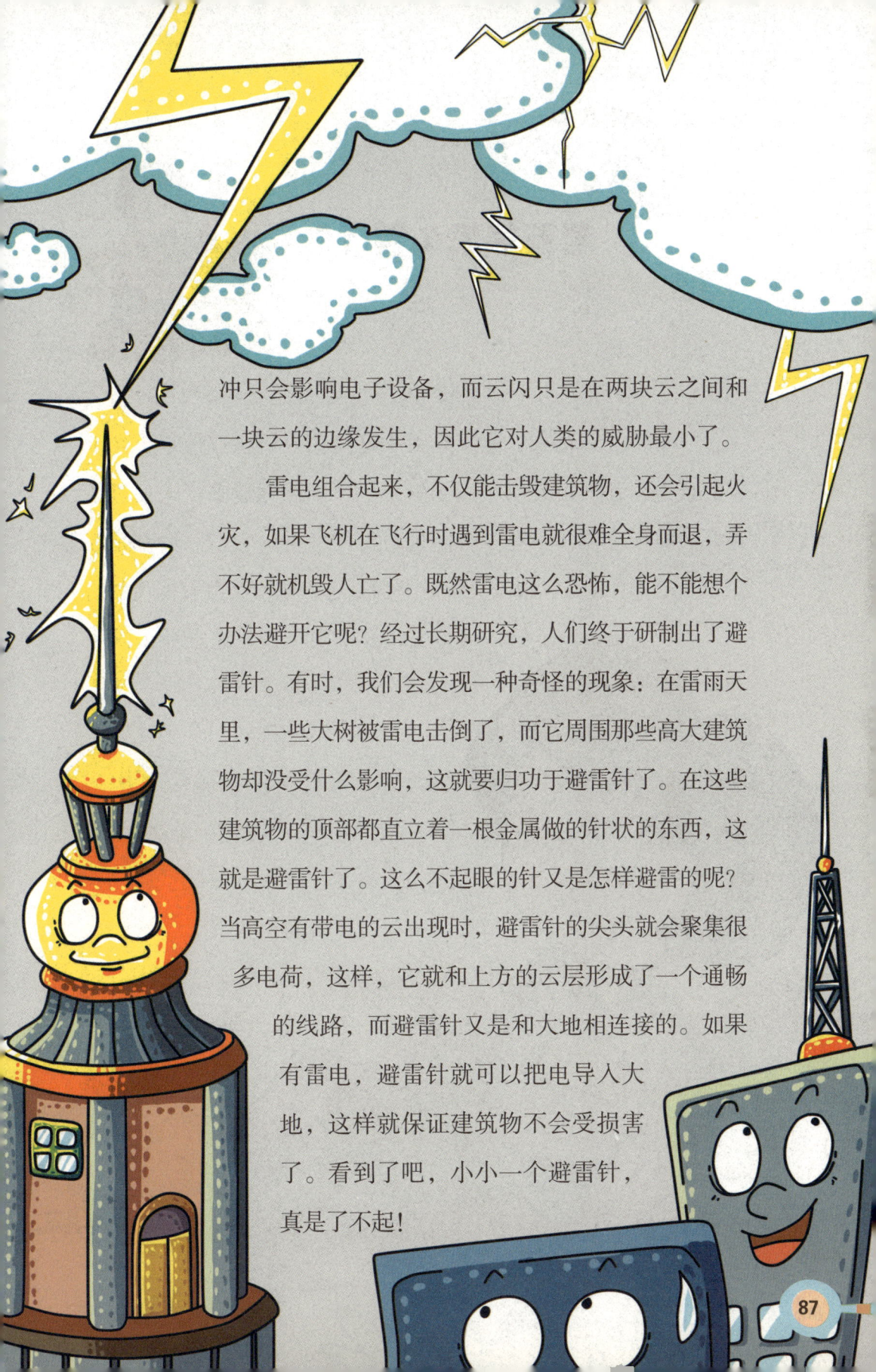

冲只会影响电子设备，而云闪只是在两块云之间和一块云的边缘发生，因此它对人类的威胁最小了。

雷电组合起来，不仅能击毁建筑物，还会引起火灾，如果飞机在飞行时遇到雷电就很难全身而退，弄不好就机毁人亡了。既然雷电这么恐怖，能不能想个办法避开它呢？经过长期研究，人们终于研制出了避雷针。有时，我们会发现一种奇怪的现象：在雷雨天里，一些大树被雷电击倒了，而它周围那些高大建筑物却没受什么影响，这就要归功于避雷针了。在这些建筑物的顶部都直立着一根金属做的针状的东西，这就是避雷针了。这么不起眼的针又是怎样避雷的呢？当高空有带电的云出现时，避雷针的尖头就会聚集很多电荷，这样，它就和上方的云层形成了一个通畅的线路，而避雷针又是和大地相连接的。如果有雷电，避雷针就可以把电导入大地，这样就保证建筑物不会受损害了。看到了吧，小小一个避雷针，真是了不起！

老天爷怎么哭了？

"小燕子穿花衣，年年春天来这里……"这首传唱了几十年的童谣，和那可爱的小燕子形象，不知伴随着多少人度过了美好的童年。燕子，是一种随处可见的鸟类，它们一般都是在天空中飞行，很少会接触地面。有人说，当燕子低飞的时候，就是天空要下雨了，看来小燕子除了

可爱之外，还是优秀的天气预报专家呢。那么小燕子是怎么知道天要下雨的呢？因为要下雨的时候，空气中的水含量就会增多，很多昆虫的翅膀都会被沾湿变沉，这样它们就飞不高了。而昆虫又是小燕子的美食，所以燕子降低了飞行高度，是在贴近地面附近寻找自己的美食呢！

所以，当你看见燕子低飞的时候，可要赶紧回家，以免被雨淋湿呦。那么天上的雨又是哪里来的呢？是不是老天爷会哭呀？

我们已经知道了，云是由许多小水珠和小冰晶组成的，这些小水珠和小冰晶长大了就变成雨了。下面我们就来看看云的"变身"过程吧。首先，云要很厚，含水量要很多，这是形成雨的前提条件。还有，那些小水滴和小冰晶，要在云中上下不断地运动，这样才能不断地吸收其他小水滴和小冰晶，以保证自己不断地长大。就这样，小云滴不断地吸收四周的水汽，当它变得足够大的时候就变成雨滴了。但是，有的时候云里面的

水汽不够多，小云滴即使上下运动无数次，也得不到足够的供应和补充，就不可能使每个云滴都增大成为雨滴。小云滴想要形成雨是需要很长一段时间的，一般来说，形成半径为一毫米的雨滴需要约3个小时，形成半径为5毫米的雨滴需要5天左右的时间呢。

虽然都是下雨，但有时候天空下的是暴雨，有时候下的是小雨，这是为什么呢？这也与雨滴的形成过程有关。如果云里既有水珠也有冰晶，这种凝结成雨的过程就会进行得更快，这时候下的雨很有可能是阵雨。阵雨一般多出现在夏季，因为夏季天气比较炎热，大量的湿热空气会迅速上升，形成积雨云。

而在积雨云内部的小水珠会迅速变成大雨滴降落。阵雨多发生在午后至傍晚的这段时间，而且降雨范围也不会很大。当云里面的小水滴小，而且运动速度慢，那么形成的小雨滴就小，而且降落速度也慢，这时候形成的雨有可能就是小雨了。

酸雨可不是好对付的

简单地说，酸雨就是一种酸性的雨。在化学中，有一个衡量酸碱度的PH值，如果这个值等于7就是中性的，纯净水就是中性的；如果大于7就是碱性的，值越大碱性越大；如果小于7就是酸

碱 >7> 酸

儿童免疫力下降

发生慢性咽炎、支气管哮喘

使老人眼部患病

性的，值越小酸性越强。酸雨就是PH值小于5.6的降雨。

　　酸雨的危害非常大，首先它损害人体健康，比如说能让儿童免疫力下降，导致有些人的慢性咽炎、支气管哮喘发作，也会使老人眼部患病。另外，酸雨还会给大气带来严重污染，使庄稼大幅度减产，即使是成活，也会使其中的营养物质下降。酸雨对森林的危害也较大，会直接使森林大面积枯萎。世界上有一些著名的雕塑因为受到酸雨的侵蚀，也变得面目全非了，像印度的泰姬陵就是因为受到酸雨的影响，乳白色的外表都变成了黄色，有的还变成了铁锈色，真是可惜啊！

　　这么讨厌的酸雨是怎么产生的呢？现在各国都在不断地发展经济，工业化程度越来越高，发电厂、钢铁厂、造纸厂和炼油厂等等层出不穷。而这些现代化的工厂排放出来的废弃物中的二氧化硫和氮氧化物就是造成酸雨的罪魁祸首了。它们遇到空气中的水以后就会转化成硝酸、硫酸和亚

硫酸之类的酸性物质，再随着雨水降到了大地上。

我们该如何预防这个可恶的家伙呢？要想解决酸雨的问题，就要减少空气中废气的排放量。在工业生产中，要少用煤炭、汽油，多用太阳能、风能、水能、天然气等清洁能源；平时和爸爸妈妈出门少用私家车，多坐公共汽车；同时要进行科学研究，对废气进行环保处理。大家要努力学习，希望你们以后能找到解决酸雨污染的好方法。

说起酸雨，还有个有趣的"绿头发"事件。在瑞典南部一个村庄里，有一户人家把抽井水的锌管换成了铜管后，正好遇上了一场酸雨，谁知这酸雨和铜很容易发生化学反应，生成了铜绿，而他家的三个孩子用这个水洗过头后，头发都从金黄色变成了绿色。这就是著名的"绿头发"事件了。

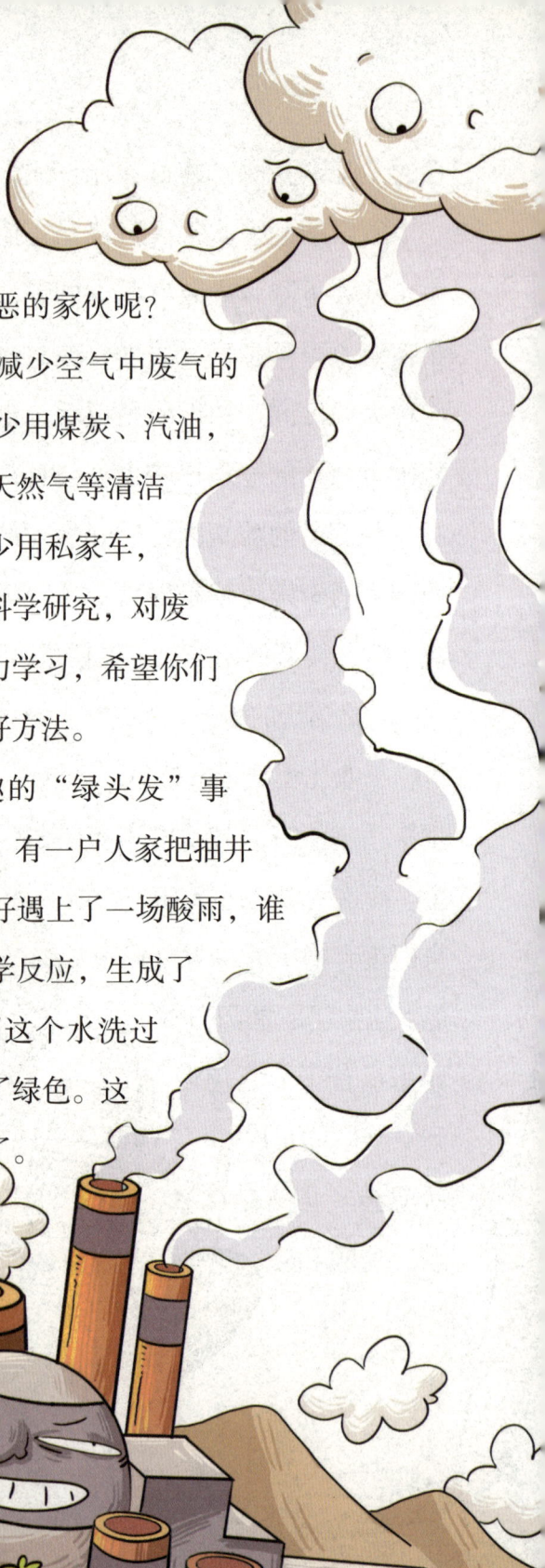

雨凇也是一场灾害

　　雨凇就是我们平常所见的"树挂"，形成雨凇的雨就叫冻雨。这些雨凇把我们带到了洁白纯净的冰世界。看着树上、草上裹着的星星点点的冰花，真是让人感觉置身于梦幻的水晶世界。它们的造型也很奇特，有的像钟乳石，有的像珠帘，有的像山峰，特别是在冬日的暖阳照耀下，显得格外晶莹剔透，清澈透明。

　　虽然雨凇给大地带来了无限风光，但它却是一种破坏性很强的自然灾害。当组成雨凇的冻雨从天上降下来的时候，就会边降边冻，落到哪里哪里就会形成厚厚的冰层。不仅会压坏树枝，还会压折电线，压垮房屋，给人们的出行带来危险，造成

很多交通事故。

别看这冻雨是降落在地面上的，对飞行的飞机也会产生危险。如果飞机不巧经过有冻雨的云层，它的机身、螺旋桨等部位就会结冰，弄不好还会形成空难呢！所以现代飞机一般都安装有防冰设备。

有没有什么好的办法可以减小雨凇带来的危害呢？可惜的是，我们现在只能采取人工除冰的方法，就是靠

人爬上高压线、房屋和树木，一点一点将雨凇凿落下来。前几年，我国南方出现了很大的雨凇灾害，为了清除雨凇，有好几个人不幸丧失了生命。

雨凇一般在南方居多，北方较少，如果你是一位南方小朋友，可一定要引起注意啦，当发生这种灾害天气的时候，要保护好自己哟！

"梅雨"下的都是梅子吗？

你们听过"梅雨"这个名字吗？是不是天上下的都是梅子呀？酸酸甜甜的梅子，多诱人啊，我们可要饱饱地吃上一顿了。其实呀，梅雨是一种雨，下的可不是我们爱吃的水果梅子呦。

那么，是什么雨会有这么好听的名字呢？

初夏的时候，在我国的江淮流域一带经常会出现一段持续时间较长的阴沉多雨天气。这段时间正好是江南梅子成熟的季节，所以才被称为"梅雨"或"黄梅雨"的。"梅雨"这个名字其实是源于中国的一个气象名词。早在汉代，就有不少关于

黄梅雨的谚语了，在晋代有"夏至之雨，名曰黄梅雨"的记载。唐代文学家柳宗元曾写过一首《梅雨》诗："梅熟迎时雨，苍茫值小春，愁深楚猿夜，梦断越鸡晨……"其中的"梅熟迎时雨"，指梅子熟了以后，迎来的便是"时雨"了。现在气象上的梅雨是泛指初夏向盛夏过渡的那段阴雨天气。另外，这段时间由于天气潮湿，很多器物容易发霉，所以"梅雨"也被称作"霉雨"。

在中国长江中下游地区，通常每年的6月中旬到7月上旬前后是梅雨季节。居住在长江中下游的人们，都会

有这样的体验：本来雨水就比较多的春天刚刚一过，初夏的晴朗天气又少得可怜，天空总会云层密布，阴雨连绵，有时还会夹带着一阵阵的暴雨，这就是人们常说的"梅雨"来临了。持续连绵的阴雨、高温高湿是梅雨的主要特征。

"梅雨"虽然名字好听，但是它对人却是有很多害处的，它能导致人患上多种疾病呢。首先，因为梅雨季节天气潮湿，很多东西都容易发霉、变质，特别是中下旬梅雨季，连绵阴雨会使很多食物发生霉变，我们要是不小心吃了，

可能会发生食物中毒。所以，在这段时间里，吃的东西一定要烧熟煮透，隔夜的食物必须回锅加热，冰箱里的食物不能存放太久了。其次，梅雨季节湿度大，温差也大，晴雨交替变化又快，这种天气极容易引发风湿类疾病。很多人的关节疼痛，主要就是因为空气湿度大引起的，特别是以往就有腰肌劳损、扭伤、骨折或有手术切口的人，在梅雨季来临时往往会出现病痛部位更加酸痛的感觉。所以这些人一定要注意，开空调的时候，要多穿一些衣服，尤其是关节等地方要注意保暖，还要多运动，提高自身的免疫力，在饮食方面要多吃蔬菜、水果，少吃含有动物脂肪的食物。再次，忽晴忽雨的天气对人的皮肤是最不好的，容易"痒痒"。尤其是那些患有皮肤病的人，闷热潮湿会诱发更严重的皮肤病。患有皮肤病的人，一定要保持生

活环境的干燥，以减少致敏物和霉菌的产生。还有在饮食上一定要少吃辛辣刺激的食物，保证充足的睡眠，增强身体的免疫功能。最后，黄梅天还会让人心情变得更糟糕。梅雨季节，气压低，湿度大，天气闷热，这种特殊的气候变化，会让人感觉不舒服、情绪烦躁，容易发脾气。这段时间我们应该给自己营造舒适的环境，放一些自己喜欢听的音乐，穿上明亮色彩的衣服，看几本好书等。还有，你要告诉爸爸妈妈，一定要注意室内空气的流通，多吃清淡、易消化的食物，多喝绿茶和白开水，一定要保持愉快、乐观的心情呦。

"梅雨"时节如何防霉？

东西发霉对我们的危害可是非常大的，但是如何预防那些无孔不入的霉菌呢，我来教你几招吧。

我们可以采取通风、日晒、干燥和涂洒防霉剂等措施来防止生霉。当天气晴朗的时候，房间、仓库一定要通风，这样才能不让喜欢阴暗潮湿环境的霉菌滋生。出太阳的时候，要把衣服、被褥放在太阳底下晾晒。照相机、摄像机、显微镜等精密器械要在梅雨季节到来之前擦干净，密封保存，还要在密封器内放入少量的干燥剂。皮鞋及家具可涂防霉油和涂料。还有一种防霉的药物叫福尔马林，我们可以把它放在仓库里，防止霉菌作威作福。

霉菌是什么？

霉菌的学名叫"丝状真菌"，顾名思义，就是一种长有菌丝的真菌。霉菌有着超强的繁殖能力，它特别喜欢温暖潮湿的环境，只要在这样的环境下它的生殖能力就可以淋漓尽致地发挥出来了。霉菌毒素能给人和动物的神经系统与内脏造成很大损伤，所以大家一定要注意防霉。不过，也有一些霉菌对我们是有益的。比如，最早的抗生素盘尼西林，是由青霉菌制成的；酱油是由米曲菌发酵的；要做成我们爱吃的臭豆腐也少不了霉菌。

寒潮滚滚而来

　　冬天是一年中最寒冷的季节。在冬天的寒冷天气中，可能还会出现大幅度降温、大风，甚至大雪的天气，这就是寒潮来了。寒潮是一种灾害性的天气，通常发生在冬季或者初春的时候。寒潮来袭的时候，气温会急剧下降，而且变化异常，随之还伴有

狂风呼啸，非常容易引起沙尘暴天气。当寒潮过后就会出现低温和霜冻的天气。

在高纬度的地区，因为太阳的光照比较少，地面获得的热量就少，所以常年都是冰天雪地。特别是冬天到来的时候，太阳照射的角度越来越小，寒冷的程度会日渐加剧。地表的温度越来越低，就会逐渐形成一个冷气团，这个气团在高空大气的作用下，大规模地向南移动，就形成了寒潮天气。

寒潮天气给人们带来了很多的不便和麻烦，因为气温降低，还有大风，会影响到人们的出行，阻碍交通运输，最重要的就是寒冷的天气容易让人感冒。寒潮是我国新疆牧区最严重的灾害

性天气之一。在1966年，春季的寒潮造成了新疆北部地区数以百万计的羊只死亡。寒潮天气过程带来的大风、暴雪和强降温天气，使牧区的牲畜因体温过低而死亡，在北方的牲畜，也出现了因为剧烈的降温，使牲畜身体的某些薄弱部位，如生殖器官被冻坏甚至造成牲畜被冻死的现象。

虽然寒潮是个坏家伙，但这并不说明寒潮没有好处。通常寒潮来临的时候，会带来大量的降雪，大雪盖在那些越冬的植物上，就像棉被一样帮助它们抵御寒冷。另外，因为寒潮来到时气温特别低，地下的一些害虫和病菌就会被冻死，这样就减少了病虫害的发生。同时寒潮带来的大风还可以成为风力发电的动力呢！

凶猛狂躁的海啸

　　海洋占地球面积的70%以上，如果大海咆哮，巨浪翻滚，那么，对人类的危害可就无法想象了。海啸是一种灾难性的海浪，它是由发生在海底50千米以内、6.5级以上的海底地震引起

50千米

的。水下或沿岸山崩或火山爆发也可能引起海啸。在一次震动之后，海面就会形成圆圈形状的巨浪，传播到很远的地方，就像我们把石头扔进水池里泛起的波浪一样。海啸波长比海洋的最大深度还要大，所以不管海洋有多深，巨大的波浪都能传播出去。水下地震、火山爆发或水下塌陷和滑坡等激起的巨浪，在涌向海湾内和海港时会形成破坏性的大浪。在太平

洋，海啸的传播速度一般为每小时200~1000多千米。海啸不会在深海大洋上造成灾害，正在航行的船只甚至很难察觉这种波动。海啸发生时，越在外海越安全。一旦海啸接近大陆，由于深度急剧变浅，波浪会急剧增高，可达20~30米，这种巨浪能带来毁灭性灾害。

有个很奇怪的现象，在海啸到来之前，海潮是突然退到离沙滩很远的地方，过一段时间之后海水才重新涨上来的，这是为什么呢？因为大多数情况下，出现海面下落的现象都是因为海啸冲击波的波谷先抵达海岸。波谷就是波浪中最低的部分。海啸冲击波不同于一般的海浪，其波长很大，因此波谷登陆

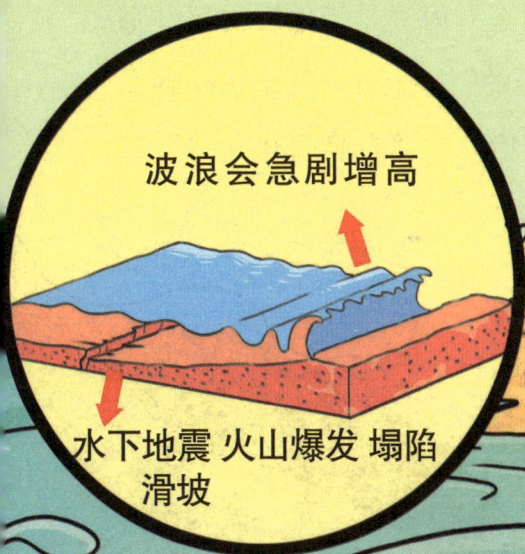

波浪会急剧增高

水下地震 火山爆发 塌陷 滑坡

后，要隔开相当长一段时间，波峰才能抵达海岸。

海啸的种类有很多，可分为四种类型。即由气象变化引起的风暴潮、海底滑坡引起的滑坡海啸、火山爆发引起的火山海啸和海底地震引起的地震海啸。地震海啸是海底发生地震时，海底地形急剧升降变动引起的海水剧烈扰动，又分为"下降型"海啸和"隆起型"海啸。"下降型"海啸是地震引起海底地壳大范围的急剧下降，海水首先向突然错动下陷的空间涌去，并在这个空间的上方出现海水大规模积聚，当涌进的海水在海底遇到阻力后，就会返回海面，形成长波大浪，并向四周传播扩散出去，这种下降型的海底地壳运动形成的海啸在海岸首先表现为异常的退潮现象，然后才是汹涌的巨浪。"隆起型"海啸是指地震引起海底地壳大范围的急剧上升，海水也随着隆起一起被抬升，并在隆起地方的上方

地震

出现大规模的海水积聚，然后海水会向四周扩散，形成汹涌巨浪。这种隆起型的海底地壳运动形成的海啸波在海岸首先表现为异常的涨潮现象，然后才是汹涌的巨浪。

　　生活在海洋周边的人，一定要学会海啸自救的方法，这样才能确保自己安全。如果你不了解自救方法，下面我就来教你几招吧：第一，地震是海啸最明显的前兆。如果你感觉到发生了较强的震动，千万不要靠近海边、江河的入海口。如果听到有关附近地震的预报，要做好预防海啸的准备。要记住，海啸有时会在地震发生几小时后才到达海岸的。第二，海啸登陆时海水往往明显升高或降低，如果你看到海面后退速度异常快，须立刻撤离到内陆

地震

此处安全

地势比较高、比较安全的地方。第三，海上的船只在听到海啸预警后不能返回港湾，海啸在海港中造成的落差和湍流非常危险。如果有足够的时间，应该在海啸到来前把船开到开阔海面。如果没有时间开出海港，所有人都要撤离停泊在海港里的船只。第四，生活在海边的每个人都应该准备一个急救包，里面应该有足够72小时用的药物、水和其他必需品。这个急救包适用于海啸、地震和一切突发的自然灾害。

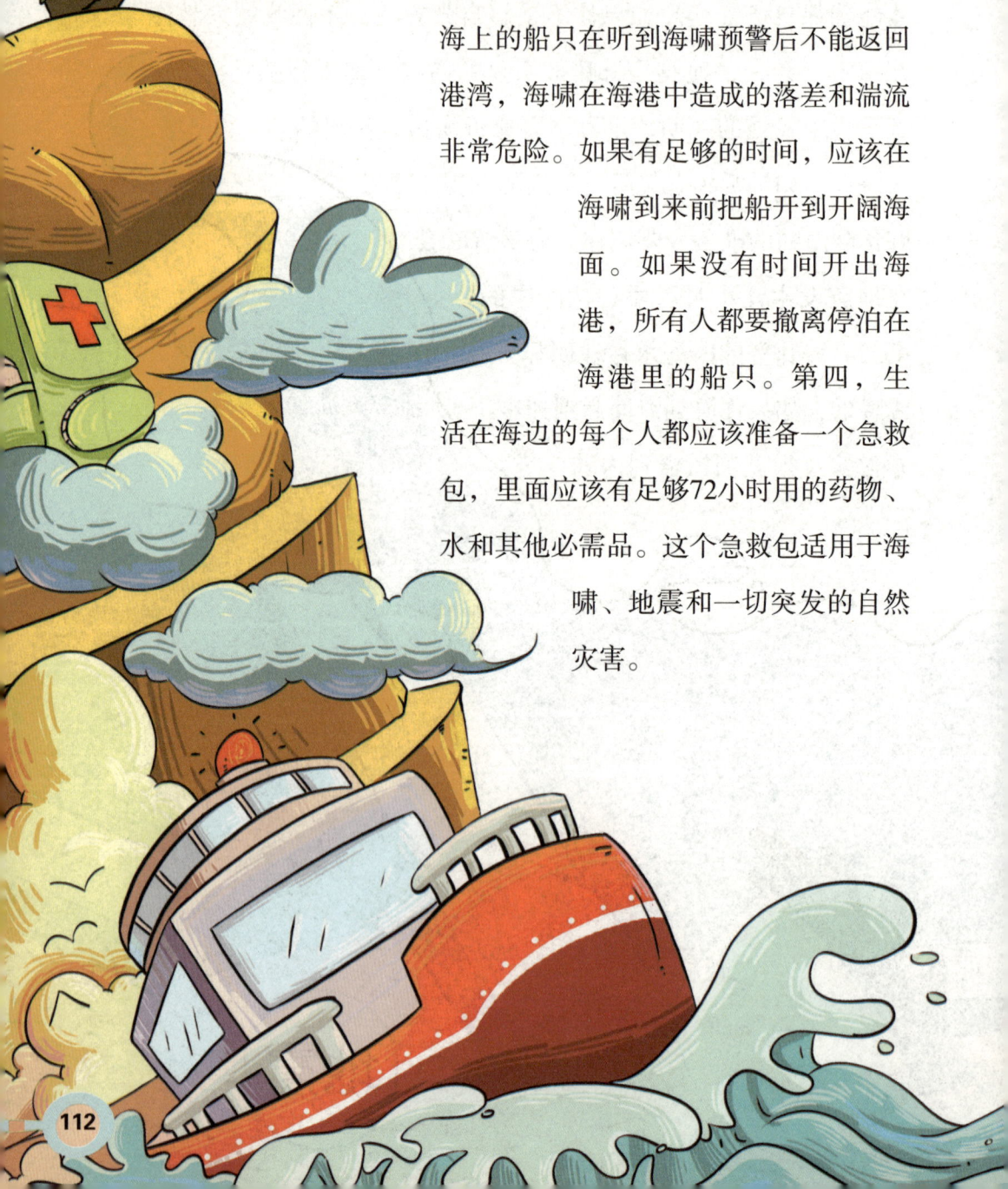

我们不要"荒漠化"

荒漠化不仅仅是由气候变异导致的，它和人为破坏也是分不开的。你们知道吗，中国荒漠化土地每年以超过2000平方千米的速度在扩大。随着荒漠化的不断扩大，被侵袭的地方物种减少，生物质量下降，劣草杂草种类增多，因此，迅速扩大的荒漠化无疑是对荒漠生物的威胁。

荒漠环境不单单是戈壁和沙漠两种，还有一种叫做山地荒漠，主要包括青藏高原的高原荒漠，天山山脉向平原延伸的山地丘陵地带，伊朗高原和葱岭地区等。

荒漠气候一年都很少下雨，有的地方一滴雨都不下，如果下雨也是阵雨，越向荒漠中心雨就越少。气温、地

温的日差和年差很大，一般都是晴天的日照时间长。风沙活动非常频繁，地面干燥，裸露，沙砾很容易被吹起来飘在空中，常形成沙暴，这在冬季较为常见。荒漠中在水源较充足的地区会出现绿洲，具有独特的生态环境，有利于生活与生产。

3%

荒漠

世界上的大荒漠有的寒冷，有的很热，有的拥有很深的峡谷，有的覆盖着沙子，世界上的荒漠千姿百态，千奇百怪。不算南极洲，荒漠占地球土地面积的30%。

　　了解了荒漠以后，你会不会以为荒漠与沙漠是一回事呀？其实不然，它们是有很大区别的。荒漠通常指由于降水稀少或者蒸发量大而引起的气候干燥、植被贫乏、环境荒凉的地区。它的地面温度变化大，物理风化强烈，风力作用活跃，地表水则显得极端贫乏，大多数地方有盐碱土。在这样的自然环境里，植物的生长条件差，只有少量的矮小、小叶或无叶、耐旱、耐盐及生长期短的植物才能存活。荒漠地面常是一片荒凉的景象，大部分分布在亚热带和温带无水的地区。荒漠最明显

的标志是地表缺少植物，环境非常荒凉。

　　沙漠是指荒漠地区地面有大片沙丘覆盖的区域，是荒漠的多种类型之一，也是分布最多的一种荒漠类型。沙漠的最大特征不仅是环境荒凉，而且地表遍布着沙丘。你们有没有听过"撒哈拉沙漠"呀？它就是一个典型的沙漠地区，泛指包括整个非洲北部的广大干旱荒漠地区。其中，除分布有27块大沙漠外，还有山脉、岩漠、砾漠、泥漠等荒漠类型，并且在荒漠总面积中占有较大比例。可见，传统的"撒哈拉沙漠"，准确地讲，应该是撒哈拉荒漠。其实，在阿拉伯语里，"撒哈拉"的意思本来就是荒漠的意思，而不是沙漠。

撒哈拉沙漠荒

什么叫植被？

植被是对一个地区地表所覆盖的植物的总称。它涉及面非常广，包括了植物学、生态学、农学和地球科学。因为生长环境的差异，植被可以分为几类，比如：草原植被、荒漠植被、高山植被和海岛植被等。除此之外，诸如光照、温度和降水等环境因素都会影响到植物的生长和分布，所以就会产生不同的植被了。反之，我们还可以根据植被的种类判断它所在的气候带，比如：提到雨林我们会想到热带，针叶林和苔原又会让我们想到温带和寒带。

地球上有多少个气候带？

按照气候特点进行分类，人们把地球分为了五个气候带，分别是热带、南温带、北温带、南寒带和北寒带等五个气候带。其中，南温带和北温带，南寒带和北寒带都是南北对称分布的。但是这种分类只反映了全球气候的普遍特征，并不能真实地反映实际情况。后来又有人提出了几种不同的分类法，例如，有人根据温度和降水的不同，把全球气候划分为热带多雨气候带、干旱气候带、温暖多雨气候带、寒冷雪林气候带和冰雪气候带。还有人根据植被和气温的不同，把全球气候分为热带雨林气候、热带沙漠气候、温带季风气候、温带落叶阔叶林气候、苔原气候等气候带。

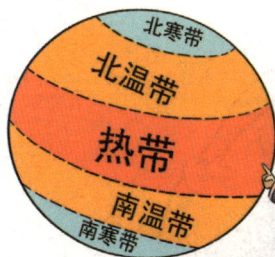

北寒带
北温带
热带
南温带
南寒带

天气预报是个好帮手

在了解了那么多大自然天气以后，你们是不是感觉天气与我们的生活真是非常密切呀，好的天气会给我们带来很多好处，可坏的天气就会让我们受到伤害。那么，怎么才能预先知道未来天气的好坏呢？在650年以前，巴比伦人是看云的样子来预测天气的。中国人至少在前300年就有进行天气预报的记录，那时候的天气预报主要是依靠一些天气现象，比如人们看到晚霞之后往往会预测第二天会出现好天气等。

17世纪时科学家开始使用科

学仪器，比如用气压表来测量天气状态，并使用这些数据来做天气预报。20世纪，气象学迅速发展起来，人类对大气过程的了解也越来越明确。20世纪70年代，数字天气预测随电脑硬件的发展成为了天气预报最主要的方式。

　了解了天气预报诞生的历史后，我们来看看什么是天气预报吧。天气预报是指通过观测气压、风、湿度、温度等气象来预测未来的天气情况。因为空气是随着地域的特性而发生变化并且随时移动的，所以各地必须得有充足观测装备。各地方观测信息越多，天气预报就越准确。

怎样做天气观测呢？首先就是各地得有人观测，每三个小时观测一次气温、湿度、风、降雨量还有天空的状态。在一些发达的地方，会安置无人观测仪器，这种仪器，能对天气进行24小时不间断地观测。还有一种大气球，它能带着一种叫做"无线电探空仪"的气象装备飞到天空观测气象。它们能一直飞到30千米的高空，把观测到的气象数据传输到地面的接收

站。飞机也是获得气象资料的好工具，还有气象雷达、气象卫星传回来的云的形态，也是重要的气象资料呢。

在气象上，按预报时间的长短和预报内容，把天气预报分为以下几种：短时天气预报（0~3小时的天气预报），短期天气预报（未来3天，即72小时以内的天气预报），中期天气预报（未来4~10天的天气预报），长期天气预报（指10天以上的天气趋势展望），专题天气预报（有针对性的特殊预报内容、时效或范围的天气预报）。按照用途，天气预报又可分为一般预报和特殊预报。一般

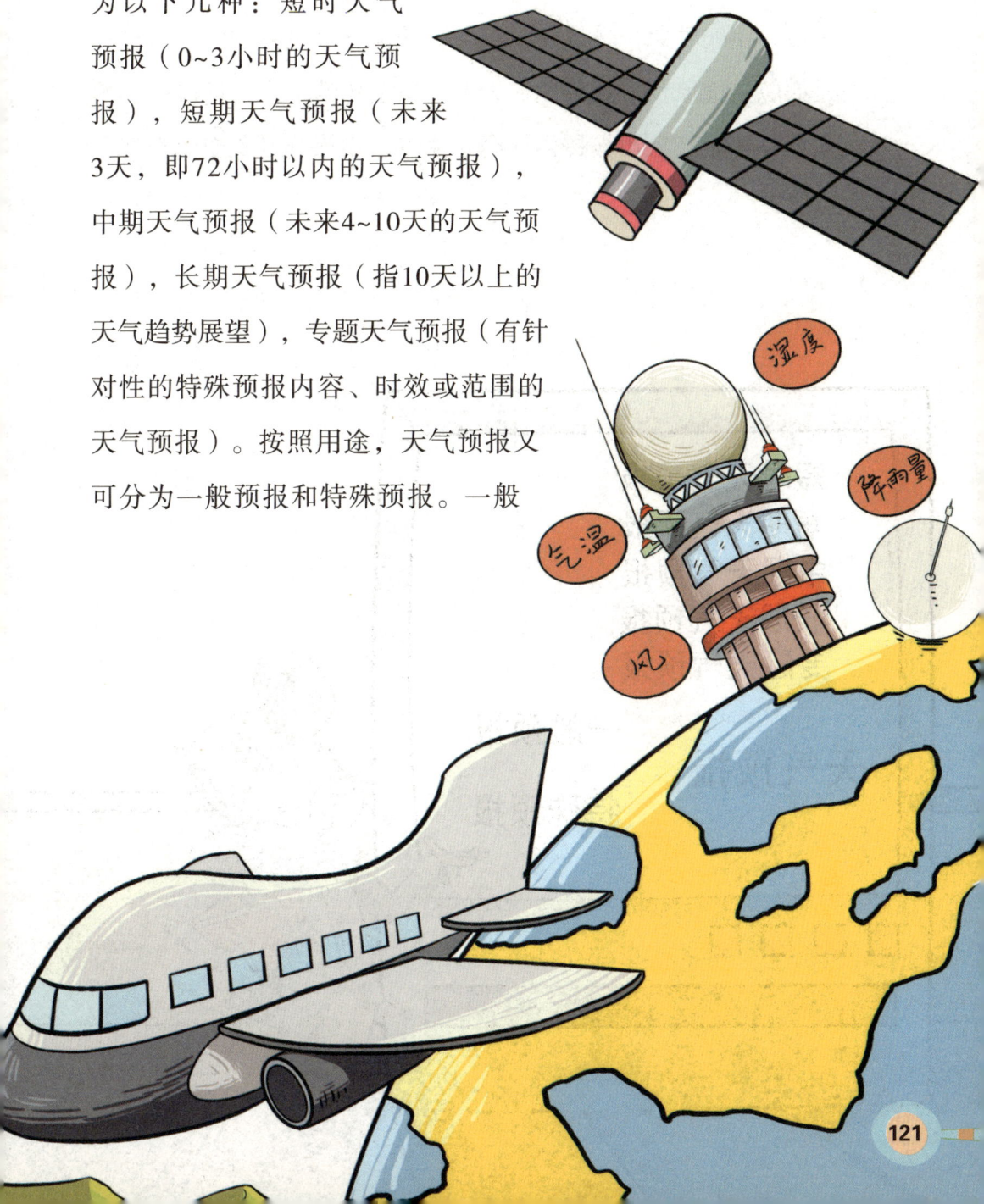

预报有用于日常生活的预报，有特殊用途的注意报、警报等。注意报和警报统称特报，预测到有台风、大雪、大雨时才会发布。特殊气象预报有航空气象预报、农业气象预报、交通气象预报、船舶气象预报等。根据各自的情况提供各种气象信息。比如航空气象预报提供风、云等气象变化情况来保证航空器的安全，农业气象预报提供暴雨、冰雹、霜冻等气象变化来帮助农业生产。

- 短时天气预报
- 短期天气预报
- 中期天气预报
- 长期天气预报
  专题天气预报

天气预报 〈 一般预报
        特殊预报

从小爱科学　小生活大世界